国家现代农业产业技术体系建设专项、宁波工程学院学术专著出版基金项目
宁波市哲学社会科学学科带头人培育项目和宁波工程学院科研启动经费项目资助出版

ZHONGGUO YUYE CHANPIN ZHILIANG
ANQUAN GUANLI YANJIU

# 中国渔业产品质量安全管理研究

王世表 ● 著

海洋出版社

**图书在版编目（CIP）数据**

中国渔业产品质量安全管理研究 / 王世表著 . 一北京：海洋出版社，2014.8
ISBN 978-7-5027-8940-4

Ⅰ. ①中… Ⅱ. ①王… Ⅲ. ①水产品 – 质量管理体系 – 研究 – 中国 Ⅳ. ① TS254.7

中国版本图书馆 CIP 数据核字（2014）第 192732 号

责任编辑：钱晓彬
责任印制：赵麟苏

海洋出版社 出版发行

http://www.oceanpress.com.cn

（100080　北京市海淀区大慧寺路 8 号）
北京旺都印务有限公司印刷　新华书店经销
2014 年 8 月第 1 版　2014 年 8 月北京第 1 次印刷
开本：720 mm × 1020 mm　1/16　印张：16
字数：235 千字　定价：68.00 元
发行部：62132549　邮购部：68038093　总编室：62114335
海洋版图书印、装错误可随时退换

# 前　言

目前国内渔业产品质量安全问题日益凸显，国际贸易中渔业产品质量安全事件频繁发生。本书通过实证分析和研究思考，认为渔业产品利益主体是影响渔业产品质量安全的核心因素。同时，没有完善的、符合现实国情的渔业产品质量安全管理机制，也是致使渔业产品质量安全问题频发的根本原因。因此，对中国渔业产品质量安全利益主体行为和管理机制进行一次全面、系统的研究具有重要意义。鉴于选题的重要意义，本书也因此得到中央级公益性科研院所基本科研业务费专项资金项目的研究资助。

本书以现有的经济学和管理学理论为基础，通过现场调研、问卷调查、案例分析、计量模型等方法对我国现有的渔业产品质量安全管理现状进行深入细致的分析和研究。研究内容主要包括：分析渔业产品质量安全存在的问题、原因及其影响；建立生产者对安全养殖投入意愿的计量模型和消费者对质量安全支付意愿的计量模型；理顺渔业产品质量安全各利益主体的行为选择；研究适合我国国情的渔业产品质量安全管理机制。

本书研究的主要结论为：①水产市场是个典型的不完全竞争、信息严重不对称、不确定因素繁多的市场，必须从多方面、全方位消除其中存在的弊端和不良影响；②我国质量安全管理存在"市场失灵"和"政府失灵"现象，因此必须清晰部门职责，理顺管理体制，抑制信息不对称和生产经营者的机会主义倾向；③覆盖生产供应链的全过程质量安全管理是提高渔业产品质量安全水平的重要保障，质量安全可追溯系统是消费者放心采购和食用的信用保证以及渔业产品质量安全事件应急管理的充分条件；④包括水产企业和渔民在内的多数生产者对于渔业产品质量安全的认知水平普遍不高，不清楚质量安全影响因素，不懂得进行危害分析和危害控制；⑤消费者对于质量安全问题的关注度和认知水平正在逐步提高，但在当前市场情况下对安全水产品的信任度不高，而且缺乏对质量安全问题的廉价、高效诉求渠道；⑥完善的、适合中国国情的渔业产品质量安全管理机制应该由政府监管机制、行业自律机制、生产经营者自控机制、消费者诉求机制和社会监督机制组成。

本书的研究特色与创新在于：①国内外学术界首次以渔业产品作为研究对象，就其质量安全问题展开全面、系统的理论与实证研究；②利用问卷调查结果和现场调研实证分析了生产者、经营者和消费者行为与渔业产品质量安全的关系；③学术界首次采用计量分析方法分析了渔民对安全养殖的投入意愿以及消费者对安全水产品的支付意愿；④提出了政府监管机制、行业自律机制、生产经营者自控机制、消费者诉求机制和社会监督机制相契合的质量安全管理机制。

　　作者在研究与写作中得到了很多帮助：美国加州大学 Davis 分校张明华教授和中国农业大学李平教授对研究方案与技术路线提出了很多有益的指导与建议；在中国水产科学研究院质量与标准研究中心宋怿主任、刘巧荣副主任、房金岑副主任等领导与朋友的支持下，为研究的顺利开展以及本书的编纂创造了很多便利条件；中国科学院南海研究所肖述博士、上海海洋大学姜有声博士、四川张松宝为本研究的实地问卷调查给予了大力支持。在此，作者表示诚挚的感谢。在本书的写作过程中还参阅了大量国内外资料，谨向资料的作者和提供者表示由衷的感谢。此外，诚挚感谢我的妻子与我的父母，是你们的默默支持与无私奉献，才能使我潜心于研究，安心于编著。

　　本研究获得中央级公益性科研院所基本科研业务费专项资金项目的重点支持，并在宁波市哲学社会科学学科带头人培育项目、宁波工程学院科研启动经费项目、国家现代农业产业技术体系建设专项“罗非鱼产业技术体系”之“质量追溯与标准化岗位”之罗非鱼质量安全可追溯研究及示范任务等项目的支持下得以进一步完善。本书得以出版面世，则获益于宁波工程学院学术专著出版基金项目的资助。在此，作者对各项目的管理者表示衷心的感谢。

　　关于中国渔业产品质量安全管理的研究上是永无止境的，

目前仍处于不断探索阶段，许多问题还有待于进一步深入研究。尽管作者已经付出了最大努力，本书肯定在许多方面还存在不足，恳请同行指正。作者也希望能和同行一起继续努力，对渔业产品质量安全管理进行更深入的研究，能有更多更好的成果问世。

作　者

2014 年 6 月 6 日于宁波

# 目　　录

# 第1章 导 论

## 1.1 研究背景

2005 年我国水产品产量已达 $5\,100 \times 10^4\,t$，出口量为 $315.3 \times 10^4\,t$，出口总额达 78.88 亿美元，水产品出口额连续 6 年居我国农产品出口首位，全国人均水产品占有量达 45.6 kg，养殖产量占世界养殖总产量的 70%，5 年内产量年均递增 3.31%，渔业产量连续 16 年位居世界第一。

但近一个时期以来，由于渔业产品质量安全问题，导致水产品中毒和水产品贸易争议事件时有发生。20 世纪 80 年代，我国上海因食用带有病毒性病原体的毛蚶而引起"甲肝"暴发，患病人数超过 30 万人；90 年代，因贝毒问题，我国贝类产品被禁止进入欧盟市场；1997 年，因我国沿海大部分贝类产品有毒有害物超标严重，最高超过欧盟标准 120 倍，导致欧盟从 1997 年 7 月 1 日起禁止从中国进口贝类产品；2001 年，我国有 96 个批次出口水产品，因微生物、药物和重金属超标或体内有金属异物，被检出质量问题，例如：①出口欧盟的水产品被检出氯霉素超标；②出口韩国的水产品被检出金属物（铅块、铁钉、螺母）。

渔业产品的安全性，直接关系到消费者的身心健康，提高水产品的安全性，防止在水产品中出现威胁人体健康的有害因素迫在眉睫，渔业产品的质量安全管理也到了非抓不可的时候了。构建和完善渔业产品质量安全管理机制，全面提高我国水产品的质量，对于保护人类健康，满足人民生活需要，改善食物结构，提高我国渔业产品的国际声誉，增强产品的国际竞争力具有重要的现实意义。

在我国渔业的发展过程中，由于工业"三废"和生活污水、海上倾废的不当排放、渔业投入品的不合理使用、水产品高密度养殖方式造成的自身污染和病害滋生、重产量轻管理、市场准入制度没有建立以及市场监管不严等原因，导致水产品污染比较严重，质量安全问题日益突出，并已威胁到市场消费安全、渔民转产转业和渔业增效，成为现代渔业发展新阶段迫切需要解决的主要矛盾之一。各进口国政府也不断以环保、生物和食物安全为由，从本国利益出发，以限制某些产品进口为目的，通过合法、科学的法规条例建立繁琐的进口产品质量检验、检疫标准和程序，设置具有隐蔽性的进口贸易技术措施。

根据中共中央、国务院关于加快实施"无公害食品行动计划"的要求，2001年4月，农业部便已开始启动"无公害食品行动计划"，以期推进农业标准化生产，强化农产品产前、产中、产后全程监管，加强农产品质量安全管理，提升农产品质量安全水平。中华人民共和国第十届全国人民代表大会常务委员会第二十一次会议于2006年4月29日通过了《中华人民共和国农产品质量安全法》（自2006年11月1日起施行）。《中华人民共和国农产品质量安全法》的出台更说明随着人们生活水平的提高，商品的日益丰富，世界范围内竞争的不断激烈，农产品质量安全事关重大。在如此良好的宏观环境下，我国作为世界渔业大国，同时又作为一个发展中国家，在积极发展渔业争取成为渔业强国的同时，必须积极地努力加强和改进我国渔业产品的质量安全管理工作，以满足国际组织和主要渔业产品进口国的质量安全要求，保障人民食用安全。为满足国内外市场需求，全面提高渔业产品质量安全水平，必须在分析我国渔业产品质量安全现状和管理制度的基础上，分析渔业产品中存在的质量安全问题、原因和影响，加快我国渔业产品质量安全管理体系建设，实施从"水域到餐桌"的全过程质量管理。

近年来，随着食品质量安全重要性的不断凸显，渔业产品质量安全问题越来越受到国际组织和发达国家的关注和重视。联合国粮农组织、世界卫生组织、世界渔业中心、世界水产养殖联盟、国际食品法典委员会等国际组织近年来制定了各种渔业产品生产管理方面的规定和操作指南，例如《负责任渔业行为守则》、《水产养殖产品的食品安全指南》、《最佳水产养殖操作守则》、《水产品操作规程草案》等。发达国家也制定了一系列的渔业产品质量安全管理规定和制度，如美国的《海产品检验规范》（HACCP）、加拿大的《水产品质量管理规范》（QMP）、澳大利亚的《水产养殖食品安全指南》、日本的《食品肯定列表制度》、韩国的《渔业产品质量安全管理制度》、泰国的 CoC、GAP、HACCP 官方认证制度等。

　　鉴于渔业产品质量安全的重要性和急迫性，本书从质量安全存在问题的根本原因出发，选择渔业产品质量安全利益主体行为和管理机制作为突破口展开研究。文中利益主体主要指在渔业产品质量安全管理体系中与产品质量安全水平有着密切个体经济利益关系的市场主体，即渔业产品生产者、经营者和消费者。利益主体的行为选择、影响因素及与渔业产品质量安全的关系是本书研究的重点之一。管理机制则指渔业产品质量安全管理体系中各主体的内在牵制和约束，通过这种机制可以使管理制度、方法、方案等得到很好的执行，因此，管理机制又可被称为管理系统的运行机理。建立和完善适合我国国情的渔业产品质量安全管理机制，有助于确保我国渔业产品质量安全水平的不断提升，保障食用消费安全，提升我国渔业产品出口竞争力和国际美誉度。

　　总之，加强渔业产品质量安全管理，是新阶段提高渔业综合生产能力、增强渔业产品市场竞争力的必然要求，是加快发展优质、高产、高效、生态、安全渔业产品生产，建设现代渔业的重要举措。开展渔业产品质量安全研究是坚持以人为本、对人民健康负责的具体体现，现阶段对此展开全面、深入研究有着很大的重要性和急迫性。

## 1.2 研究意义

### 1.2.1 理论意义

1）本书的研究将为我国渔业产品质量安全管理机制的设计和建设提供科学、合理的理论依据。当前，正因为缺少相关理论依据，我国渔业主管部门未能建设和完善渔业产品质量安全管理制度和管理体系，渔业企业也未能制定和执行有效的质量安全管理体系。

2）目前国内外渔业产品质量安全研究领域尚无博弈分析、数量分析和计量模型方面的理论研究，本书的研究将填补该方面的研究空白，丰富渔业产品质量安全研究内容。

3）鉴于渔业行业的特殊性和复杂性，本书利用经济学分析理论从我国渔业产品质量安全现状出发，首次开展渔业产品质量安全经济学特性以及养殖、经营、消费等相关人员的经济学行为分析。

### 1.2.2 实践意义

1）有助于调整渔业产业结构，提高我国渔业产品质量安全水平，保障消费者食用安全。设计和完善渔业产品质量安全管理机制，将促进渔业产业的可持续发展，确保消费者获得优质、健康、安全的渔业产品。

2）突破贸易技术壁垒，满足国际市场不断提出的安全要求，增强我国渔业产品出口贸易的国际竞争力，增加渔业产品出口企业的经济收益。

3）推动渔业生产方式转变，促进渔业综合生产能力提高。有助于促进渔业生产的集约化发展，提高渔业综合生产能力，保障渔业产业的可持续发展。

## 1.3 国内外研究现状分析

作为中国传统优势农产品——渔业产品的质量安全问题的研究至今仍相对单薄，尚缺乏系统研究，尤其是尚未从微观层次上系统地研究渔业产品质量安全的特殊性、生产者和消费者行为对渔业产品安全性的影响、渔业产品质量安全管理机制等问题。

### 1.3.1 渔业产品质量安全现状、存在的问题、原因及影响等研究

近年来，渔业的发展速度较快，集约化、规范化程度不断提高，水产养殖和加工业在许多地区迅猛发展。随着人民生活水平的提高，对渔业产品质量安全要求也越来越高，无污染、无残留和无公害的安全渔业产品已成为消费的新趋势。同时，一些发达国家对进口水产品也提出了几近苛刻的要求，纷纷通过提高药检检测手段，筑起了绿色壁垒。因此，要提高我国水产品在国际市场上的竞争力，也必须努力提高渔业产品的质量。

大批操作规范、规程和产品标准的制定，渔业产品质量监督检测机构的建立，生产企业内部质量管理活动的推广，这些工作有效地提高了渔业生产者的素质、行业管理能力和产品质量安全水平。总体说来，我国渔业产品质量安全管理现状表现为：①国家、政府、行业主管部门十分重视质量安全问题；②渔业标准体系初步形成；③水生动物防疫检疫工作开始起步；④水产养殖动物病情测报全面展开；⑤对渔药生产、销售和使用的监管力度不断加大；⑥水产品质量检测和渔业生态环境监测体系建设正在抓紧实施；⑦水产品质量认证工作开始启动。

渔业产品质量安全中存在的问题主要有：①组织力量分散、薄弱，渔业生产者的质量意识比较淡薄，市场竞争不够规范；②因为体制原因导致各部门管理衔接脱节，缺乏完善有效的质量安全管理体系；③渔业投入品的管理和使用比较混乱：水产苗种、渔药、饲料和添加剂、加工

产品保鲜剂和着色剂；④水生动物防疫检疫工作滞后；⑤水产品质量监督检测体系不完善、手段乏力；⑥渔业环境污染严重。

渔业产品质量不安全的原因在生产经营中主要表现为：①渔业水域环境污染，盲目扩大养殖规模，养殖病害频发；②苗种培育技术不稳定、生产工艺落后；③遇到水产病害时，在缺乏科学指导的情况下，往往是病急乱投医，胡乱使用各种渔药，甚至出现使用违禁药物的情况；④为降低养殖成本，使用添加激素的劣质饲料或腐烂变质的饲料；⑤操作不科学、不规范，不根据摄食情况进行科学投饲；⑥饲料加工过程粗枝大叶，任意使用各种添加剂；⑦产品生产过程中缺乏质量安全控制措施；⑧水产品市场质量把关不严。市场原因主要表现在：①市场信息不畅通。②市场准入制度不够严格。技术上的原因主要就是养殖、捕捞和加工等的先进技术有待提高。法律上的原因在于诉讼成本过高、周期太长。

另外，一些水产品中激素、抗生素、重金属、农药残留等污染物超标，水产品加工中的添加剂、微生物等不符合卫生标准也是造成渔业产品存在质量安全问题的重要原因之一。这些问题的产生与环境污染、法规体制、检测手段以及政府监管等多种因素有关。

很多专家对如何提高渔业产品质量安全水平提出了各种建议，主要有：①加大资金投入力度，搞好渔业产品质量管理体系建设；②从源头抓起，全程抓好水产养殖产品质量监督控制，实施从"水域到餐桌"的全过程质量管理；③开展广泛的宣传教育和培训，全面提高水产养殖生产者产品质量安全意识；④要求从事水产养殖生产的单位和个人，按有关规定领取养殖证；⑤大力推广健康养殖模式，加强水产养殖过程用药指导和监督；⑥加快病害防治体系的建设；⑦加快推行渔业产品质量安全市场准入制度；⑧加大渔业执法力度，依法查处违规用药；⑨与国际接轨，逐步在养殖、加工企业建立质量安全管理体系，开展 HACCP 认证。

### 1.3.2 农产品质量安全中"柠檬市场"、生产者和消费者行为 等经济学理论的研究

当前针对农产品的质量安全管理，研究人员多是从管理学角度进行理论研究，从经济学视角考察这个问题尚处于探索阶段。不过，近几年已有学者开始从信息经济学、制度经济学、产业组织学等角度对农产品质量安全管理问题开展研究分析，解释了农产品质量安全管理应遵循的一些经济学规律。

孙法军在2004年从经济学角度对政府加强农产品质量安全管理的必要性和可行性进行了理论分析，论述了农产品质量安全管理由于具有公共物品属性、外部性和信息不对称性，容易导致市场失灵，需要政府进行干预，同时应避免政府失灵，要处理好与市场、企业和中介组织的关系。

张吉国于2004年利用规范分析法结合中国农业发展的实际提出了有关中国农产品质量的制度框架，采用了对比分析法分析发达国家农产品质量管理和农业标准化实践和成功经验。李功奎等于2004年分别从优质农产品需求和供给两个角度，运用"逆向选择"理论和"囚徒困境"模型分析了农产品市场"柠檬问题"的现象及其形成机制，从组织和政府两个层面探讨了降低信息不对称程度的思路及其为解决农产品市场"柠檬问题"的制度安排。

我国农产品市场体系建设不健全，阻碍了农产品质量信号的传递，加大了农产品市场的信息不对称，增加了农户的机会主义行为倾向。农民只会存在对农产品搜寻品质量特征改进的激励，对经验品和信任品质量特征改进的激励不大。单个农户生产行为难以考核，农户难以形成对未来的准确预期，即农户提高农产品质量，不能形成对未来获得较高市场价格的预期，农户生产劣质农产品时，农户也会预期不会受到惩罚，所以农民在生产中形不成控制产品质量的激励。

范毅等于2004年认为农产品市场的"逆向选择"使得农产品市场

优质优价机制难以形成，进而加大了农民在生产中的机会主义行为倾向。而解决信息不对称的措施，一是市场手段，如声誉和担保等；二是政府采取手段消除市场信息不对称。为了建立农产品声誉制度，控制农产品质量，必须提高农民组织化程度，建立声誉制度的"个人实施"机制，加强市场信息传播机制的建设，建立声誉制度的"社会实施"机制。

某些学者进行了有关农产品市场"柠檬"问题对社会经济福利影响的研究。他们通过农产品生产经营者的平均成本与利润的比较，发现农产品市场的"柠檬问题"损害了农产品市场的正常竞争秩序，导致社会资源配置效率的下降。另外，通过研究还发现消费者剩余被剥夺，农产品市场"柠檬现象"的存在明显降低了社会经济福利水平。

钱峰燕于2005年采用对浙江茶叶生产者和消费者的调查数据资料，实证分析了生产者与消费者行为及其对安全茶叶生产的影响。生产者方面，实证分析了茶叶企业和茶农不同的安全茶叶生产技术选择意向和行为，探讨了生产者安全茶叶生产行为变化的内在机理。消费者方面，对安全食品消费需求和支付意愿问题进行理论分析的基础上，实证分析消费者对安全茶叶的认知、购买行为、支付意愿及其影响因素、安全茶叶生产的绩效分析。

王可山于2006年的研究认为畜产食品市场主体是影响畜产食品质量安全的关键性因素，其经济行为决定着质量安全水平，中国还没建立真正符合市场经济发展要求的畜产食品质量安全管理体系是导致畜产食品质量安全问题的直接原因。在考察消费者对畜产食品质量安全的购买行为与支付意愿的实证研究及评价上，建立了影响消费者购买行为的计量模型，研究了消费者对畜产食品质量安全的支付意愿。另外，周洁红、Shin、Fox等国内外学者也开展了很多关于食品安全管理中的消费者行为分析、生产者行为分析和消费者对安全食品支付意愿方面的经济行为研究。

### 1.3.3　农产品（渔业产品）质量安全与绿色技术壁垒的研究

　　根据关贸总协定"乌拉圭回合"谈判中关于农产品贸易协议规定，发达国家的农产品平均关税在 6 年内削减 36%，发展中国家农产品的平均关税将在 10 年内削减 24%。一种隐蔽性较强、透明度较低、不易监督和预测的保护措施——绿色技术壁垒便悄然兴起，并逐渐发展成为发达国家保护国内市场的主要手段。所谓绿色壁垒，是现代国际贸易中商品进口国以保护人类健康和环境为名，通过颁布、实施严格的环保法规和苛刻的环保技术标准，增加进口难度，以限制国外产品进口的贸易保护措施。它是一种无形的非关税壁垒，是国际贸易中最隐蔽、最难对付的非关税壁垒之一。

　　绿色技术壁垒对发展中国家的农产品出口已经产生了巨大的负面影响，并且随着科技的进步和竞争的加剧，这种影响将越来越深入和明显。绿色技术壁垒的显著特点：广泛性、易变性、隐蔽性、歧视性、争议性。绿色技术壁垒在农产品贸易中的表现形式：①对进口农产品规定极为严格、繁琐的强制性技术标准和制定各种法律条例，直接限制其进口，其中有些规定是专门针对出口国家；②对于进口农产品制定严格的质量认证制度和复杂的合格检验程序，间接地限制其进口；③对于进口农产品的标签和包装规定内容复杂、手续麻烦的法律条例；④对于进口农产品规定较高的环境标准，以保护环境的名义限制其进口。

　　目前，欧盟、美国、加拿大、日本、澳大利亚、韩国等主要农产品进口国已经陆续制定了一系列的绿色技术壁垒。其中尤以日本制定的"肯定列表制度"对我国农产品出口影响最大，其对进口农产品质量安全水平要求之高甚至达到了苛刻的程度。我国出口欧盟的贝类产品，在过去 10 年中，多次因为贝类毒素、重金属超标或药残超标等问题，被欧盟明令禁止我国贝类产品出口到欧盟市场。出口到韩国的水产品也曾因被检出金属物（铅块、铁钉、螺母）而被拒绝入境。

　　欧盟对进口我国水产品的检验要求非常苛刻，检验项目多达 100 余项，门槛很高。不但要求我国出口的加工企业或捕捞加工船必须通过欧盟的考核并获得注册，同时还要求每一批产品都必须由我国检验检疫机构出具检验检疫合格证书后方可允许进口。早在1997年欧盟就曾发布公告，对从中国进口的水产品实行每批检验，后经我国政府部门及许多水产品出口企业历时5年的努力，终于使欧盟于2000年2月将我国列入向欧盟出口水产品的一类国家，即从2000年2月20日起，我国对欧盟注册登记的企业生产的水产品允许进入欧盟的15个国家的市场而不必采取每批检验，不必延时通关和被迫接受检验。但由于个别企业的原因，导致2002年1月30日欧盟通过全面禁止进口中国的动物源性产品的决议。

美国政府要求，对其出口的水产品企业必须建立HACCP体系，否则其产品不得进入美国市场。中国进入美国市场的水产品首先通过国家检验检疫机构评审，取得输美产品的HACCP验证证书，并经美国食品与药物管理局（FDA）备案后才能进入美国市场。从2001年7月1日起，美国FDA对来自中国的水产品氯霉素的检查加大了抽样比例，每只货框抽样6～12个，不做混合样，当检测样品全部合格后方可通关，只要有1个样品经检测为阳性时，整个产品均被判为不合格，而且，氯霉素的限量从原来的$5 \times 10^{-9}$提高到了$1 \times 10^{-9}$。2002年5月15日，美国从我国进口的虾类产品中检出氯霉素残留量达$2 \times 10^{-6}$后，十分注意我国出口的动物源性食品安全问题。2002年6月14日，美国FDA发布了虾类产品中的氯霉素残留量降至$0.3 \times 10^{-9}$。

日本是我国水产品的主要出口国。近年来，日本对我国的水产品出口所设的关卡和障碍越来越多，归结起来主要表现在：①对进口水产品的检验要求越来越严；②对加工企业的要求越来越高；③标签的作用越来越明显，已成为主要限制条件之一。标签的翔实与否关系到产品销路的好坏和价格的高低；④绿色食品意识越来越强；⑤通关手续更加繁琐。另外，在用药管理上，日本的管理也相当严格、细致，不但用药方法很详细，而且在用药种类上也较全面。

《韩国渔业产品质量安全法律法规》中介绍到，韩国作为我国水产品出口的第三大国，近几年来，其对我国水产品的进口要求也越来越高。2001 年，韩国海洋水产部规定了从 2001 年 7 月 1 日起，中韩两国的水产品将实行统一的质量、安全和卫生标准。两国的水产品加工出口企业将分别在本国的检验检疫部门注册登记后，方可向对方出口产品。即在两国的水产品贸易中，出口产品都应随货物携带检验检疫机关出具的没有对进口国所规定的对人体有害的细菌、有毒有害物质和金属异物等卫生合格证明书。

### 1.3.4　国际农产品（渔业产品）质量安全管理体系研究

发达国家如美国、加拿大、欧盟、澳大利亚、日本等都已建立和形成了一整套机制合理、运行有序、成效显著的农产品质量安全管理体系。各国的农产品质量安全管理体系基本上由三部分组成：①法律法规体系；②检验、分析和监督管理机构；③对这些机构进行服务的支撑体系（包括科技、教育、信息、培训、咨询等）。除了这些国家之外，一些 WTO 成员国充分运用 WTO 的有关规则，结合本国国情特别是农产品生产、进出口贸易以及消费者消费安全，建立了完善、系统的农产品质量安全法律法规体系、质量标准体系、检测检验体系、质量认证体系、技术支撑体系、信息服务体系，各体系之间相互协调、有机衔接。

目前，主要发达国家尚没有一部专门的规范农产品质量安全的法律或法规，一般是通过制定多部法律、法规和规章来对农产品生产的不同方面、不同环节进行管理。首先，国外农产品质量安全立法具有层级性；其次，同一层级的农产品质量安全立法具有多样性，分别调整农产品质量安全管理的不同方面。世界各国普遍认识到食品由农产品的生产到最终用于消费是一个有机、连续的过程，对其管理也不能人为地割裂，故均强调对农产品质量安全的全程性管理。

孙法军、李生、Byrne 等学者对欧盟、美国、日本等发达国家政府加强农产品质量安全管理的主要做法进行了对比分析，并总结了他们的成功管理经验。王欣超于 2006 年分别对我国和美国、加拿大、欧盟、澳大利亚、韩国和日本的农产品质量安全体系进行了对比研究，内容涉及管理体制、法律法规体系、标准体系和检验检测体系等，通过研究了解了我国与发达国家农产品质量安全体系的主要差距，并总结了国内外农产品质量安全体系的模式和特点。

各国农产品质量安全管理体制大致有以下三种模式：①主要由农业部门负责的模式。采取这一模式的典型国家是加拿大。②成立专门的独立食品安全监督机构的模式。这一模式以欧盟国家为代表，在英国专门设立了食品标准局。③多个部门共同负责的模式。这种模式以美国为代表，美国负责食品安全的机构主要包括三个部门：农业部、卫生和公共事业部、FDA。西方主要发达国家在管理农产品质量安全方面主要有以下共同措施：①规定严厉的法律责任；②制定完善标准；③建立检验检测体系；④加强监督检查；⑤及时向公众公布农产品质量安全的有关情况，开展多种形式的宣传教育活动；⑥组织、支持和鼓励食品安全方面的科研和推广工作。此外，还十分注意发挥农产品生产者、加工者和销售者及其联合组织在提升农产品质量安全水平方面的作用。

范小建于 2003 年提出，借鉴国际通行做法，结合中国实际，我国在农产品质量安全管理方面应采取以下措施：①加强生产监管，强化生产基地建设，净化产地环境，严格农业投入品管理，推行标准化生产；②提高生产经营组织化程度；③推行市场准入制，创建专销网点，实施标识管理；④建立监测制度，推广速测技术；⑤试行追溯和承诺制度；⑥完善管理体系。健全标准体系，完善检验检测体系，加快认证体系建设，加强技术研究和推广，建立信息服务网络。

对于水产品生产企业，西方发达国家主要通过 HACCP 体系控制产品的质量安全水平，国际食品法典委员会（CAC）于 1997 年便发布了"HACCP 体系及其应用准则"。美国于 1995 年 12 月 18 日批准了"水产品 HACCP 法规"。加拿大对水产品采取建立在 HACCP 原理之上的"QMP"（质量控制）计划。欧盟专门制定了"水产品生产和投放市场的卫生条件"（91/493/EEC 指令）的规定，要求必须从原料生产开始，保证生产过程的各个环节均达到质量要求，从而保证终端产品的质量，即建立一个完整的质量保证体系，全面推行 HACCP 制度。对于进口的水产品，还要求向欧盟市场输出的水产品加工企业必须获得欧盟注册。在我国，则首先在出口水产加工企业中实施了 HACCP 管理体系，我国国家质检总局 2002 年发布的局长令 20 号中规定水产企业申请出口卫生注册必须实行 HACCP 管理体系，国家认证认可监督管理委员会 2002 年 3 号文中规定了企业 HACCP 管理体系建立和运行的基本要求。

从 20 世纪 90 年代开始，挪威、爱尔兰、加拿大、美国、泰国等国就着手进行 HACCP 体系在水产养殖场的应用研究工作，目前已进入完善和应用阶段。我国水产养殖企业目前尚未实行 HACCP 体系，还没有制定适合于水产养殖场实施认证用的操作规范和 HACCP 体系认证指南。从国外应用 HACCP 体系于水产养殖的效果来看，在我国水产养殖生产中推行 HACCP 体系，必将能确保水产加工原料及其加工终产品的食用安全性，提高养殖产品在国际市场的地位和竞争力，增强消费者对养殖水产品消费的信心。

### 1.3.5　我国农产品（渔业产品）质量安全管理体系相关研究进展

2006 年 11 月 1 日开始实施的《中华人民共和国农产品质量安全法》，对农产品质量安全涉及的方方面面都进行了相应的规范。该法的实施，标志着中国农产品质量安全管理全面纳入法制化轨道。

农业部市场司主管农产品质量安全工作的领导指出，我国农产品质量安全管理体系主要包括：法律法规体系、标准体系、检测检验体系、认证体系、技术推广体系、信息支持体系和执法监督体系。崔慧宵于 2005 年认为虽然我国的农产品质量安全管理体系已经初步建立，但仍然很不完善，如管理体制不顺，执法主体不明确，技术服务体系水平不高，尤其是法律法规系统性差、法律层次低。崔慧宵还就完善农产品质量安全管理体系提出了相关建议：改革监管机构，明确执法主体；重组农产品安全检测中心；加快立法进程；完善标准评价和技术服务体系。认为未来的农产品质量安全法律体系应当是涉及宪法、法律、行政法规、行政规章和地方性法规的多层次综合性法律体系。

张玉香于 2004 年提出，健全农产品质量安全管理体系要以市场为导向，以科学技术和农业生产实践为基础，在全面推进"无公害食品行动计划"的过程中，把农业标准化作为突破口，从根本上解决农产品质量安全的问题。另外，还需抓紧扩建农业标准化生产基地和示范区，开展关于标准化生产知识的培训，提高农民的标准化生产意识和操作水平；加强检验检测体系建设，健全农产品质量安全例行监测制度和全程追溯制度；加强认证认可工作，加速国际互认步伐；为中国农产品质量与国际市场的要求接轨奠定基础。

对于我国农产品检验检测体系状况，金发忠在 2004 年撰文总结道：①农产品检测机构布局初具雏形。自 1988 年始，农业部分四批规划建设了 13 个国家级农产品质检中心和 268 个部级农产品质检中心。最近两年，已有 1/3 地市和 1/5 县区建立综合性农产品质检站（所、中心）；②执法检测全面展开。从 2000 年开始，农业部建立了农产品和农业投入品质量安全定点监测制度，全面启动了农产品和影响农产品质量安全的农业投入品的定点监测、跟踪检查和普查工作；③法律法规日趋完善；④标准体系建设进程加快；⑤存在问题日益显现，一是体系不健全；二是检测能力弱；三是技术支撑建设落后；四是资金投入不足，机构定位不明确。

罗斌于 2004 年认为，开展农产品认证工作，对于从源头上确保农产品质量安全，转变农业生产方式，提高农业生产管理水平，规范市场行为，指导消费和促进对外贸易具有重要意义。王可山于 2006 年认为中国畜产食品质量安全监管机制的完善，应该是在对自身环境的准确把握基础上，坚持共同治理原则。真正有效的监管机制是政府管制、行业自律、生产者自控和社会监督四者相契合的产物。

郑风田、钱永忠、孙法军等研究人员，提出了很多加强我国农产品质量安全管理切实、有效的对策建议：①加快立法进程，完善配套措施；②转变生产方式，促进产销衔接。推动产业化经营，推进标准化生产，建立新型产销机制；③加强技术推广，加大信息服务；④推进市场准入，强化监管措施；⑤健全支撑体系，加速科技创新；⑥理顺管理体制，创新管理模式；⑦建立高效的农产品安全预警系统；⑧推广农产品产地标签制度，使消费者能及时了解产品信息。

农业部 2003 年 4 月发布的《渔业产品质量安全推进计划（2003—2007 年）》明确提出了推进措施：①制定标准和完善配套；②推行标准化管理，建设标准化养殖示范区（基地）；③完善水产品质量检测体系；④在全国主要生产地区实行例行监控制度；⑤加快水产品质量认证进程。

樊宝洪、林洪、黄家庆、刘富荣、张丽玲、江希流、李绪兴、龙华等的研究认为，欲提高我国渔业产品质量安全管理水平，需从以下几个方面着手：①加强引导、广泛宣传，提高全民的渔业产品质量安全意识；②明确管理主体，加强渔业产品质量安全管理的行业指导，加强对生产者的行为管理和约束；③建立、健全水产品质量管理体系；④继续加强基础性科学研究；⑤全面建立和推进准入制度：生产准入、市场准入；⑥建立信息监管系统，减少信息不对称状况。

欲提高渔业产品质量安全管理水平，周德庆、李颖洁等认为需加快渔业结构的战略性调整，保障渔业持续、稳定、健康发展，加强政府宏观调控力度，加快渔业产品质量安全管理体系的建立和完善，引进先进的质量管理理论、标准及加工工艺，使渔业产品质量安全管理规范化，提高水产品国际竞争力。提出质量安全必须从源头抓起，加强养殖过程中投入品的管理，包括鱼种、饲料和饲料添加剂、渔药等，同时加大投入，大力发展无公害养殖基地，努力做到从"池塘—餐桌"的全程质量监控管理，建立完善的市场准入制度，实施水产品"品质、品牌、品味"战略，积极开拓国际市场。宋怿于 2003 年分析了渔业产品质量安全管理的主体和客体的职责，并从安全管理的手段、管理的基础与法律依据、管理的支撑系统、法规的宣传贯彻以及强化资源环境保护五个方面，阐述了对于我国渔业产品质量安全管理体系框架的见解。

### 1.3.6 对研究现状的总结和评价

国外针对所谓"绿色食品"、"有机食品"或"生态食品"等不同称谓的农产品的质量安全问题开展研究相对较早，在该领域形成了很多理论，诸如信息不对称理论、资产专用理论、柠檬市场、博弈理论、交易费用等等。而国内，则直到20世纪90年代才开始农产品质量安全方面的研究。总体上看来，国外对农产品质量安全问题的理论研究和实证研究都比较成熟，而且成果丰硕，大大促进了学科发展。比较而言，国内针对该领域的研究大多是围绕表层现象进行的描述性分析或者简单的经济学分析，经济学和管理学理论研究不够深入。

上述已有的研究成果为本书的设计和顺利开展研究提供了很好的参考和启迪，但是纵观国内外研究文献，研究人员依然有许多有价值的工作要做，主要包括以下几方面。

1）对于宏观层面的研究，目前从经济理论上对农产品尤其是渔业产品质量安全问题的研究缺乏广度和深度，需要进一步利用各种经济学专业知识对竞争不完全市场和信息不对称条件下不同主体（政府、企业、个人等）的行为选择进行深入分析；

2）从供给角度看，需要清楚地了解农产品尤其是渔业产品生产技术特征并结合企业行为、行业与市场结构进行分析；

3）由于我国渔业产品种类繁多，养殖模式、加工方式、销售途径也多种多样，因此，渔业产品质量安全管理应是农产品质量安全监控中最薄弱、最特殊的环节，非常有必要展开如何建设和完善具有我国国情的渔业产品质量管理机制的研究；

4）目前仍未有学者针对渔业产品质量安全管理机制构架的形成机理、运作成本和绩效收益等方面开展过相关研究，以后应加强这方面的研究。

## 1.4　研究目标、研究内容和拟解决的关键问题

### 1.4.1　研究目标

本书以现有的经济学和管理学理论为基础，通过理论分析、案例分析、计量模型等方法，分析质量安全管理存在的问题、原因和影响，研究质量安全相关利益主体的行为选择和影响因素，分析国内外渔业产品质量安全管理机制，构建适合我国国情的渔业产品质量安全管理机制框架。

具体目标包括：

1）研究渔业产品质量安全存在的问题、原因及其影响；

2）分析渔业产品生产、流通和消费环节各利益主体的行为选择；

3）分析渔民安全养殖行为投入意愿的影响因素；

4）研究消费者对渔业产品质量安全的支付意愿；

5）研究具有我国特色、适合我国国情的渔业产品质量安全管理机制。

### 1.4.2　研究内容

基于以上研究目标，本书的研究内容为以下几个方面。

**（1）研究渔业产品质量安全存在的问题、原因及其影响**

充分运用交易费用理论、公共选择理论、制度理论等经济学理论，针对渔业产品质量安全进行理论分析和探讨，结合我国当前渔业的特点、发展现状、发展趋势及渔业产品质量安全状况，探讨我国渔业产品频繁发生质量安全问题的深层次原因。并进一步分析渔业产品质量安全问题对食用安全和绿色技术壁垒造成的各种影响和后果。

**（2）分析影响我国渔业产品质量安全的利益主体行为**

充分使用信息不对称理论、博弈论、逆向选择理论等经济学理论分析渔业产业各环节生产者（以水产养殖为例）、经营者（流通环节）和消

费者的行为选择，并进一步从道德风险、法律风险和声誉机制角度研究生产者和经营者在渔业产品生产和经营中的质量安全选择和质量安全控制意愿情况。

（3）分析渔民对安全养殖的投入意愿和消费者对渔业产品质量安全的投入意愿

选择既是渔业产品主产区又是主销区的上海市和广州市，开展渔民安全养殖行为和消费者安全性消费状况的问卷调查。基于问卷调查数据，利用 Logit 计量模型分析渔民对安全养殖投入意愿和消费者对渔业产品质量安全支付意愿，筛选重要变量，建立科学、合理的计量经济模型。

（4）研究适合我国国情的渔业产品质量安全管理机制

在上述理论分析和主体行为研究基础上，结合我国渔业发展现状和特点，运用制度理论设计出科学、完善、适合我国国情的渔业产品质量安全管理机制构架和运行机理。

（5）对策分析

在总结主要研究结论的基础上，有针对性地提出一系列有关提高我国渔业产品质量安全水平的对策建议。

### 1.4.3 拟解决的关键问题

1）通过理论分析和案例研究我国渔业产品质量安全问题频繁发生的深层次原因；

2）研究不完全市场和信息不对称条件下，渔业产业各环节利益主体的质量安全行为选择；

3）探讨我国渔业产品品种繁多、生产方式多种多样情况下，如何建立和完善渔业产品质量安全管理机制。

## 1.5　研究方法、技术路线及可行性分析

### 1.5.1　研究方法

为达到上述研究目标，完成研究内容，本书将农业经济学、农业技术经济学、行为经济学、新制度经济学、产业组织经济学和计量经济学等相关理论融为一体，在文献研究、实地调研和问卷调查的基础上，采用定性分析与定量分析、理论分析与实证分析、调查分析与案例分析相结合的研究方法，遵循从实践到理论，再用理论解释实践，并利用实例对理论进行验证。具体来说，本书研究主要采用了以下方法。

（1）案例分析法

为了更好地说明文中的部分内容，使之更加通俗易懂，本书多处采用案例分析。例如，分析当前我国渔业产品质量安全问题时，举出多种实例说明其中存在的各种方面问题；从不同角度选择不同的调研实例说明、分析和研究水产品流通环节利益主体的行为决策及其对渔业产品质量安全水平的影响。

（2）理论分析法

主要基于"柠檬市场"、信息不对称理论、交易费用理论、公共选择理论、制度理论、博弈理论等经济学理论，利用各种理论解释现实中发生的各种事实，对渔业产品质量安全问题进行深入的理论分析，分析我国渔业产品频繁发生质量安全问题的经济学原因，探讨利益主体对于渔业产品质量安全的经济学行为选择，并从中归纳出对渔业产品质量安全管理机制有重要意义的理论性结论。

（3）博弈分析法

为了改变在研究中对主体行为的描述性分析，本书采用了博弈论。对于研究利益主体关系、相互影响等来说，博弈论比现有其他的分析方法、经济模型都更加适用。渔业产品质量安全问题的主要经济学原因是各主体的利益博弈，每一行为主体在追求效用最大化的同时，也影响着其他

主体的行为或被其他主体的行为所影响。

（4）数量和计量分析法

本书在研究中还充分考虑影响主体行为的变量选择，针对渔民安全生产行为设计出科学、合理的计量模型，针对消费者安全水产品支付意愿设计出科学、合理的计量模型。研究数据主要来源于实地问卷调查数据。

### 1.5.2　技术路线

根据上述研究目标和研究内容，本书的具体技术路线如图1-1所示。

### 1.5.3　可行性分析

随着人民生活水平的大幅度提高和经济的全球一体化，渔业产品质量安全问题受到越来越多的关注。但当前渔业产品质量安全问题频繁发生，不断威胁着人民的消费安全。同时，由于当前我国渔业产品的质量安全水平，产品出口容易受到各种绿色技术壁垒的限制，影响出口竞争力，受此影响，我国渔业产品多次出口被拒。因此，对渔业产品质量安全问题进行全面、系统地研究，就显得非常有必要、非常急迫。

在阅读大量各种文献和已有研究成果的基础上，本书结合中国渔业国情和质量安全管理现状，设计出科学、合理的研究思路和研究框架。在农业经济学、行为经济学、新制度经济学、产业组织经济学、计量经济学和管理学等相关理论的指导下，采用案例分析法、理论分析法、博弈分析法、数量和计量分析法、比较分析法等，通过定性分析与定量分析、理论分析与实证分析、调查分析与案例分析相结合的方式，展开深入的研究。

另外，笔者近年来一直从事农业部无公害农产品（渔业产品）认证审核和管理及渔业产品质量安全研究工作，由于工作性质和特点，能为

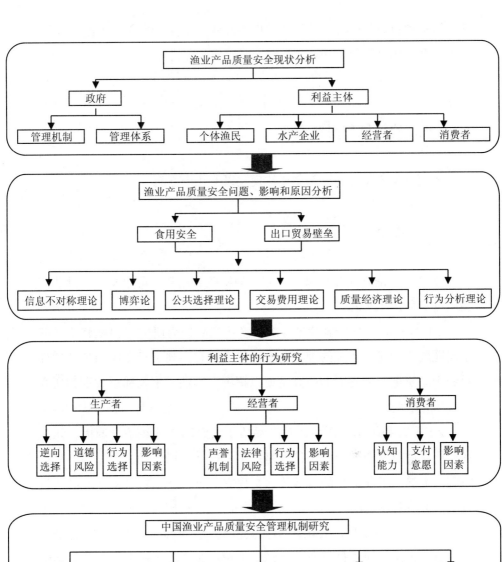

图 1-1  技术路线

获取资料和数据、进行实地调查提供各种便利条件。综合上述各点理由，本书研究工作定能顺利开展，保证及时完成研究目标。

## 1.6 研究的特色与创新说明

本书的研究特色和创新主要体现在以下几个方面。

### 1.6.1 理论方面

本书在理论方面存在以下几方面的特色和创新，可丰富我国渔业产品质量安全管理理论。

1）本书是国内外学术界首次以渔业产品作为研究对象就其质量安全问题展开全面、系统的理论与实证研究，它突破了至今国内外学术界对农产品质量安全问题的研究主要以蔬菜、粮油、水果和畜牧等为研究对象的局限性。

2）解释和阐明了产生渔业产品质量安全问题的经济学原因，认为渔业产品质量安全的经济学特性是产生"柠檬市场"的主要原因，从组织制度上提出保证信息的有效传递与建立信誉机制是提升渔业产品质量安全水平的有效途径。

3）研究提出，生产者认知、行为选择、成本收益、道德风险、信誉机制、消费者偏好和支付意愿，分别是影响渔业产品生产者、经营者和消费者行为的主要因素，从而很大程度上揭示了影响渔业产品质量安全水平的内在机理。

4）从管理学理论和制度经济学角度出发，结合我国渔业发展特点，提出具有我国特色的渔业产品质量安全管理机制构架。

### 1.6.2 研究方法方面

本书在研究方法上存在以下几方面的特殊和创新，可提升我国渔业产品质量安全管理问题研究的科学性和合理性。

1）以信息不对称理论、交易费用理论和公共选择理论等经济学理论为核心，管理学理论、食品质量管理、渔业科学等学科知识为辅助，在理论上研究产生渔业产品质量安全问题的根源。

2）在实证上分析生产者、经营者和消费者行为对渔业产品质量安全的影响，从微观和宏观两个角度构建渔业产品质量安全管理体系，这种研究思路克服了渔业产品质量安全问题研究主要以宏观的管理体制与政策研究为主导的局限性。

3）采用案例分析渔业产品的质量安全问题，采用计量经济学方法实证分析消费者对安全产品的支付意愿，这种案例分析和实证分析、微观与宏观分析相结合的研究方法，很大程度上保证了把握渔业产品质量问题的复杂性，提升了研究成果的说服力和科学合理性。

### 1.6.3 成果方面

在经济学和管理学理论指导下，全面、系统地研究了当前我国渔业产品质量安全管理中存在的问题，提出具有我国特色的渔业产品质量安全管理机制构架，为政府和企业加强渔业产品质量安全管理提供具有可操作性的决策参考依据。

# 第2章 渔业产品质量安全研究的理论分析

本章主要基于信息不对称理论、博弈论、公共选择理论、"柠檬市场"理论、交易费用理论、行为分析理论和风险分析理论等经济学、管理学和食品安全学理论，结合渔业产品质量安全特性，针对质量安全问题进行理论分析，并从中整合归纳对本书研究有重要意义的理论性结论。

## 2.1 渔业产品质量安全问题的信息不对称理论和柠檬市场理论分析

### 2.1.1 信息不对称理论分析

食品质量具有"搜寻品、经验品和信任品"三重性（Nelson, 1970; Caswell et al, 1992;Von Witzke et al, 1992）。"搜寻品"，是指消费者在消费之前已经了解了食品的外在特征（包括品牌、标签、包装、销售场所、价格和产地等）和内在特征（包括颜色、光泽、大小、形状、成熟度和新鲜程度等）。"经验品"，是指消费者在消费之后才能判断其质量或其他安全特征，如口感、味道和鲜嫩等。"信任品"，是指消费者即使在购买后，自己也没有能力了解有关食品质量安全的信息，如水产品中的药物残留、重金属残留和微生物含量超标等。

虽说上市销售的渔业产品中有一部分为鲜活产品，这类产品可以通过观察和食用判断其新鲜程度和口感味道，但是通过肉眼却无法判断其是否存在重金属、药物或微生物残留超标等质量安全问题。而且，大部分上市销售的渔业产品都是冰鲜产品，其质量安全更是只能通过专业检测才能做出比较准确的评价，因此对于渔业产品来说，通常既是一种典型的经验品商品，又是一种信任品商品。渔业产品的这两种特性，使得生产经营者和消费者在既定的条件下，都无法从市场前一环节获取足够的产品信息，从而造成生产经营者与生产经营者之间的信息不对称以及消费者与生产经营者之间的信息不对称。

渔业产品质量安全问题一般是在其生产经营过程中形成和出现的，消费者仅对上市水产品本身进行观察难以判断其质量好坏和等级。在水产市场上，作为生产经营者的卖方自然就是质量信息的优势方，作为消费者的买方则成为信息劣势的一方，这就是水产市场上的信息不对称。在信息不对称的情况下，买方无法判断该水产品消费中带来的价值，也就无法给出相应的合理价格，卖方也无法证明自己的产品是否优质品，从而市场上也就不能体现优质优价，价格对资源优化配置的作用无法实现，出现市场失灵。

一般来说，生产经营者对渔业产品质量安全与水产品风险的认识往往要比普通消费者高出很多，除非有关部门强制要求生产经营者把与食品相关的所有信息都进行标识，否则生产经营者并不愿意主动将水产品中有关的风险信息传递给消费者。普通消费者获取这方面信息的途径非常少，对水产品危害的来源、严重程度以及危害等的认知很少，获取信息的成本较高。尤其对于家庭比较贫穷、生活水平较低的弱势群体更是如此。

### 2.1.2 消除信息不对称的信号传递模型

消除信息不对称的信号传递模型的机理，在于通过研究生产经营者的行为规律,发现信息优势的卖方向市场传递的有效市场信号,以便判断不同产品质量的卖方信息。无论生产经营者的行为特征与产品质量是否有关或存在何种关系,只要生产经营者的某个特征与某种特定产品质量类型的卖方呈函数关系,就可以把这一特征作为判断标准,被确定的标准对于劣质品卖方模仿成本需要足够高,劣质品卖方不会表现出这一特征时,此信号传递模型的设计就是成功的。

当质量信息真假难辨时,商业信用就会成为市场上最稀缺的"商品",以商业信用对产品提供质量担保是优质品卖方经常采取的行为。构成商业信用的主要因素包括:卖方的资产状况、产品商标、出售商品时提供详细的卖方信息、固定的销售地点、商品广告支出。资产是过去卖方逐步经营、积累的结果,也是未来继续经营的成本,资产规模大可看做是卖方长期"信用"经营的标志之一。注册商标则更有利于买方识别商品。卖方信息的公布有利于质保承诺兑现,象征卖方愿意为产品质量承担损失和风险。固定的销售地点,便于消费者多次购买积累产品质量识别经验,而且在重复博弈中,会有长期利益对短期利益的制约,有利于买卖双方的守信。广告支出是卖方的沉没成本,只能通过扩大销售量收回,销售量的扩大需要建立在商品被社会广泛认同的基础之上。

因此,我们认为卖方的资产 K、产品商标 M、卖方向市场提供的个人信息 G、固定的销售地点 P、广告投资 A,共同构成了卖方的信用函数 U。

$$U = F(K, M, G, P, A)$$

根据以上信用函数模型,应用一定的数学方法对各个自变量进行赋值处理,可计算出不同生产者的信用函数值 U,根据这一数值实现对不同质量产品生产者的区分。

### 2.1.3 柠檬市场理论分析

"柠檬"是美国人对次品的俗称。1970 年,美国著名的经济学家 George A. Akerlof 曾将有关信息经济学理论应用于对次品市场的分析,并据此提出了著名的"柠檬市场"理论。该理论表明，在只有卖家了解产品品质而买家不了解产品品质的情况下，也就是说买卖双方对产品品质的信息存在不对称现象，该现象进而导致逆向选择行为，使得高品质的产品在市场的价格竞争中难以生存，次品对优质品产生市场挤出现象。

信息的不对称极有可能会导致产生"柠檬市场"。也就是说，在信息不对称条件下，优质、安全的水产品并不能通过市场自发调整供给，优质水产品被劣质水产品挤出市场。如果消费者获得的信息有限，那么优质水产品的供给数量和价格将会严重地受到低质水产品的影响，导致优质水产品无法保证优质优价，从而影响生产经营者生产和供应优质水产品的积极性，最终使得劣质水产品将优质水产品赶出市场。

渔业产品"柠檬市场"的形成主要是由于优质水产品不能将其经验品和信任品的质量信号传递给消费者。卖方可以采取一体化、专用性资产投资等途径来减少市场信息不对称，但是目前我国水产品生产经营者比较分散，规模大小不一，组织化程度较低，由于市场信息不对称，采取措施发送质量信号的边际成本将远远地大于其边际收益，因此养殖户和经营户都没有发送产品质量信号的激励，从而消费者在购买农产品时缺乏获取经验品和信任品的途径。进而，该现象也进一步地造成了我国水产品市场上的信息不对称。

## 2.2 　渔业产品质量安全问题的博弈论分析

博弈论 (Game Theory)，也称为对策论或者赛局理论，主要研究公式化了的激励结构（游戏或者博弈）间的相互作用。博弈论考虑竞争中个体的实际行为、预测行为和它们的优化策略，表面上不同的相互作用可能表现出相似的激励结构。其中一个有名有趣的应用例子是"囚徒困境" (Prisoner's dilemma)。

"囚徒困境"表达的是经济生活中的一种典型现象：说的是两个犯

罪嫌疑人，由于警方没有掌握足够的证据，于是，把他们隔离囚禁起来，要求他们坦白交代。如果他们都认罪，每人将入狱 5 年，如果他们都不承认，由于证据不充分，他们每人将只入狱 2 年，如果一个抵赖而另一个坦白并且愿意作证，那么抵赖者将从重处理，判刑 7 年，而坦白者将从宽处理，只判刑 1 年。

<table>
<tr><td></td><td></td><td colspan="2">囚徒乙</td></tr>
<tr><td></td><td></td><td>坦白</td><td>不坦白</td></tr>
<tr><td rowspan="2">囚徒甲</td><td>坦白</td><td>-5, -5</td><td>-1, -7</td></tr>
<tr><td>不坦白</td><td>-7, -1</td><td>-2, -2</td></tr>
</table>

图 2-1　"囚徒困境"

如图 2-1 所示，甲、乙各自都面临着两个选择：①坦白；②不坦白。囚徒甲和囚徒乙都面临着同一难题：在不知道同伙如何选择的条件下，自己该如何选择？"坦白"意味着背叛了同伙，但自己可能会获得从轻发落；"不坦白"意味着继续和同伙合作。如果对方也和自己合作，警方就会因为抓不到证据而都被判刑 2 年。但其中存在着很大风险，如果对方背叛了自己，则自己可能被加重处罚，判刑 7 年。

根据博弈论的基本假设和分析，每个囚徒的理性选择应该是：坦白犯罪，每人都被判刑 5 年，这是一个纳什均衡点。但实际上，假如如果两囚徒都选择"不坦白"，每个人将只被判刑 2 年，这显然是更好的"双赢"结局。结局固然更好，但两人都会担心：如果对方不配合的话，有什么结果？而且事实上，每一方都希望就自己选择"坦白"，对方选择"不坦白"以便只需获刑 1 年即可。但是，同时，一方也会担心自己选择"不坦白"后，另一方会选择"坦白"。因此，出于对对方不合作行为的担心，在理性的驱使下，每个囚徒只能选择"坦白"，各被判刑 5 年。这就是"囚徒困境"，这里的决策者在看似理性的博弈过程中却选择了不是最优结果。

　　我国水产企业和个体渔民大多规模小、分布散、实力弱，渔业产品质量安全意识不高，质量安全知识和市场信息不通畅，信息渠道和知识来源少。水产品经营者仅关心水产品进价和出价，关心销售业绩，关心水产品新鲜程度，缺乏对渔业产品质量安全的关心。由于存在信息不对称和认知水平差异并且由于水产品具有典型的"经验品"和"信任品"特性，消费者无法通过肉眼鉴定市场上的渔业产品质量安全水平，也无法保证为优质产品支付高价。

　　由于质量安全问题而引起的国内外水产品贸易壁垒和食品安全事件，往往原因各异，名目繁多，种类复杂，影响深远。如果对渔业产品质量安全认知不充分，更新不迅速，应对不及时，就会造成重大损失，严重影响我国水产企业和渔民的经济利益和产品声誉，渔业产品质量安全各相关行为主体也会陷入"囚徒困境"。要有效解决这种问题，水产企业、个体养殖户、经营户、消费者和政府部门等相关行为主体就应该联合起来，走合作博弈的道路，以合作的精神解决博弈冲突，联合应对渔业产品质量安全问题，共同维护水产市场的健康发展并保障消费安全。

## 2.3　渔业产品质量安全问题的公共选择理论分析

　　公共选择理论产生于 20 世纪 40 年代末，英国经济学家邓肯·布莱克于 1948 年发表的《论集体决策原理》一文，为公共选择理论奠定了基础，因此被尊为"公共选择理论之父"。在美国著名经济学家詹姆斯·布坎南的推动发展之下，公共选择理论在 50 年代形成了完整的理论框架，其学术影响也得以迅速扩大。丹尼斯·缪勒对公共选择理论的定义常被各国学者引用："公共选择理论可以定义为非市场决策的经济研究，其理论主题与政治科学的主题是一样的：国家理论，投票规则，投票者行为，政党政治学，官员政治等等。"

　　公共选择理论认为，人类社会由两个市场组成，一个是经济市场，另一个是政治市场。在经济市场上活动的主体是消费者和厂商，在政治市场上活动的主体是百姓、利益集团和政府官员。在经济市场上，人们通过货币来选择能给其带来最大满足的私人物品；在政治市场上，人们通过政治选票来选择能给其带来最大利益的政府官员、政策和法律制度。前一类行为是经济决策，后一类行为是政治决策，个人在社会活动中主要是做出这两类决策。公共选择理论试图把人的行为的两个方面重新纳入一个统一的分析框架或理论模式，用经济学的方法和基本假设来统一分析人的行为的这两个方面，从而创立使二者融为一体的新政治经济学体系。

（1）公共选择理论中的"经济人"假设

市场中的"经济人"假设在中西方学者中都是富有争议的，尤其是政治市场的"经济人"假设。从实际情况来看，这一假设也许是最接近实际的假设。现实情况也符合人们以此为依据制定出有效率的制度和政策的假设。在该假设之下，也可看到若要政治决策符合公共利益最大化要求，就必须建立起一套行之有效的约束和监督决策者的机制，否则，决策就可能因为个人利益和寻租效应而偏离公共利益的轨道。

（2）公民的"偏好显示机制"

民主政府应该是代表广大人民群众利益的，财政决策自然也应当体现人民的意愿和要求，但是要做到这一点，仅凭决策者的良好愿望和优良素质是不够的，还必须有一套能及时将人民意愿贯彻到政府决策中的机制，即公民的偏好显示机制。只有充分了解人民的偏好，让群众知情，让群众讨论和参与重大决策，政府决策才会符合人民的利益和要求。当前，亟待解决的是财政信息的透明度问题，要尽快建立规范、及时、准确的财政信息发布制度。在此基础上，建立和完善有保障的、通畅的政策决策机制，以保证政府决策的科学性和民主性。

（3）政策决策程序和规则

决策的结果取决于决策程序和规则。从一定程度上说，完善的决策程序和规则比政策本身更重要。我国以往的政策决策实践中，在很大程度上存在重结果，轻程序，重自觉自律，轻规则的问题。举例来说，我国的农产品质量安全立法工作存在不科学、不规范的问题，由于存在政府多头管理、职责不清等原因，最终出台的《中华人民共和国农产品质量安全法》还没解决农产品质量安全管理职责不清、效果不强和操作性差等问题。

（4）"特殊利益集团"理论

市场经济是一个利益和决策分散化的经济，因此在我国也是存在利益集团的。如部门利益集团、行业利益集团、地区利益集团等。"特殊利益集团"在社会中存在很多实例，比如，在一些地方盛行的地方保护主义就是以行政区划为单位的地区利益集团行动的结果。又如我国的渔民利益问题，该团体虽然人数众多，但无组织、社会地位相对低下，难以形成有力的"特殊利益集团"，从而对公共决策的影响力较小，其利益常受到侵害。公共选择理论都可针对这些实际情况给出一些令人信服的解释。

零缺陷显而易见意味着零风险，然而，在经济学上说来是不可能存在的。零缺陷，只是一个不切实际的目标而已。因此，零风险也是不可能存在的。当前，渔业产品质量安全存在很多问题，食用安全和出口贸易壁垒等使得水产品消费者和生产经营者都深受其害。但是因为信息不对称、"经济人"、个体行为选择等原因，依靠行业内部生产者、经营者和消费者自身的力量，绝难消除质量安全问题。在进行渔业产品质量安全管理时，公共选择理论对于政府部门采取科学、公平、公正的管理决策和推行行之有效的管理制度等方面定有助益。

## 2.4　渔业产品质量安全问题的质量经济学分析

Crosby 早在 1980 年就提出了质量经济学概念，而 Aurora Zugarramurdi 和 Maria A. Parin 于 1995 年将该学科推向了研究顶峰。质量经济学的发展，不但是为了降低成本，而且还是为了追求增加收益。它揭示了一个明显趋势：质量提高—成本降低—收益增加。质量经济学的核心内容包括：①提高质量水平和收益率与成本增加之间的关系；②从产业链开始到终端消费者所有相关的关注点；③官方检测中心提高零售层面水产品质量水平的可能性。

对于全世界的渔业行业，质量经济学分析也将会变得越来越重要。首先，渔业产品质量已经变成了一个市场工具（尤其对于买方市场）；其次，例如美国、欧盟、加拿大、巴西、泰国等很多发达国家和发展中国家的法规已经要求食品行业必须应用 HACCP 体系认证进行管理。

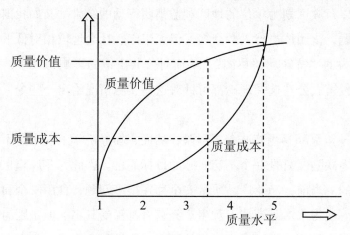

图 2-2　质量价值与质量成本的关系

资料来源：Aurora et al, 1995

图 2-2 显示，在一个特定的质量水平上买家或者消费者认可的质量价值与质量成本之间的关系图。在图 2-2 中，存在 5 个任意指定的质量水平，分别对应着 5 个质量成本。随着质量水平的提高，对应的质量成本也将同样升高。在一个特定点，质量成本会追上或者超过质量价值。根据不同产品类别，最大化收益时的质量价值会选择在图 2-2 中 3 和 4 质量水平之间，此时的质量水平将达到买家或者消费者对质量水平的要求。

对于一个企业来说，在最高级的产品质量水平上进行生产，成本太高，不是一个科学、合理的选择。而选择低端产品质量水平进行生产，可能会导致产品不合格，市场竞争力低下，也不是一个科学、合理的选择。最理想的设计选择，应该基于食品安全角度和公共接受程度之上，在最低的质量水平上选择质量价值，再确定此时的质量成本。从中也可看出，一个科学、合理的设计选择，其实就是一个预防性的估算。

　　成本考虑的主要目标就是在特定质量水平的基础上，选择最低的成本支出。虽然渔业行业的特点众所周知，但是其产品的特定质量水平以及高质量产品的最低生产成本，都是一个不易判断的未知数。由于以下原因，追求质量目标有可能会失败：①不切实际的初始目标；②不恰当的危害分析；③没有正确实施条件。

　　实际生产成本可以由固定成本和可变成本组成。过去应用传统质量控制和检测措施时，很少关注"预防成本"，随着引入 HACCP 和质量保证理念之后，"预防成本"也变成了质量成本组成中的一个基本组成部分。Feigenbaurn 于 1974 年提出的质量成本分析模型被广泛认可，该模型假设与质量改变有关的生产成本可以分为三个部分：预防成本、鉴定成本和失败成本。预防成本：采取调查、预防和减少缺陷与失败等行动的成本。鉴定成本：评定和记录所达到质量水平的成本。失败成本：由于为达到特定质量水平而导致失败所产生的成本，又可分为内部成本和外部成本，分别指产生于企业内部和将所有权转移至消费者之后。

　　利用质量成本分析模型，我们可以进行三种质量成本之间关系的探讨和研究。其主要结论在于，预防成本和鉴定成本的增加，应当能降低失败成本，同时也一定存在着令三者之和的总质量成本最低点。这三种成本之间的关系可以通过例 2-3 清楚地表达出来。同时，也可以通过单位产品的质量成本变化公式进行表示：

$$C_t(q) = \Sigma C_p(q) + \Sigma C_a(q) + \Sigma C_f(q)$$

各变量分别为：

$C_t(q)$ = 单位产品的总质量成本；

$\Sigma C_p(q)$ = 单位产品的预防成本总和；

$\Sigma C_a(q)$ = 单位产品的鉴定成本总和；

$\Sigma C_f(q)$ = 单位产品的失败成本总和。

该公式的基础假设包括：

1）可以量化不同质量水平的成本；

2）随着产品质量水平的提高，预防成本和鉴定成本呈指数性增长，失败成本呈指数性降低；反之亦然。

应用 HACCP 和质量评价等管理措施时，图 2-3 中的实际形状可能会发生变化。例如在设计新的水产品加工厂时，可能会因为加工厂的合理布局和采用先进仪器设施及生产线而消除一些预防成本。由于其复杂程度，质量成本分析模型似乎不适用于中小型企业。在中小型企业中无法区分不同类型的质量成本，质量成本也往往与企业管理职责混为一谈。在应用质量成本分析模型时，需充分考虑其缺点和漏洞，以便根据实际情况调整该模型。

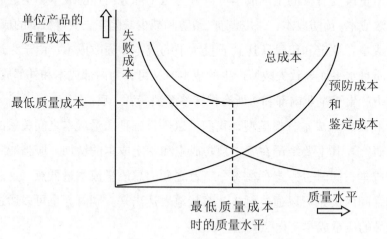

图 2-3　质量成本分析模型中的质量成本变化

资料来源：Aurora et al, 1995

## 2.5　渔业产品质量安全问题的交易费用理论分析

1937 年，著名经济学家科斯在《企业的性质》一文中首次提出交易费用理论。所谓交易费用是指企业用于寻找交易对象、订立合同、执行交易、洽谈交易、监督交易等方面的费用与支出，主要由搜索成本、谈判成本、签约成本与监督成本构成。

该理论认为，企业和市场是两种可以相互替代的资源配置机制，由于存在有限理性、机会主义、不确定性与小数目条件使得市场交易费用高昂，为节约交易费用，企业作为代替市场的新型交易形式应运而生。交易费用决定了企业的存在，企业采取不同的组织方式最终目的也是为了节约交易费用。同时，市场和企业是两种不同的组织劳动分工的方式，企业产生的原因是企业组织劳动分工的交易费用低于市场组织劳动分工的费用。

交易费用理论主要包含以下几点结论：①虽然市场和企业可相互替代，企业可取代市场实现交易，但却是不同的交易机制；②企业取代市场实现交易有可能减少交易的费用；③市场交易费用的存在决定了企业的存在；④企业"内化"市场交易的同时产生额外的管理费用，当管理费用的增加与市场交易费用节省的数量相当时，企业的边界趋于平衡。

### 2.5.1　交易费用产生的原因与影响因素

在科斯之后，威廉姆森等许多经济学家又进一步对交易费用理论进行了发展和完善。在科斯的分析中，他并没有专门分析交易费用产生的原因。而威廉姆森深刻分析了交易费用产生的原因。他指出影响市场交易费用的因素可分成两组：第一组为"交易因素"，尤指市场的不确定性、潜在交易对手的数量及交易的技术结构（指交易物品的技术特性，包括资产专用性程度、交易频率等）；第二组为"人的因素"，有限理性和机会主义。他指出，个人机会主义行为、市场不确定性、小数目条件及资产专用性都会导致市场交易费用提高。

威廉姆森还将交易费用分为事前的交易费用和事后的交易费用。他认为，事前的交易费用是指由于将来的情况不确定，需要事先规定交易各方的权利、责任和义务，在明确这些权利、责任和义务的过程中就要花费成本和代价，而这种成本和代价与交易各方的产权结构有关；事后的交易费用是指交易发生以后的成本。事后的交易成本表现为各种形式，如：①交易双方为了保持长期的交易关系所付出的代价和成本；②交易双方发现事先确定的交易事项有误而需要加以纠正所要付出的费用；③交易双方由于取消交易协议而需支付的费用和机会损失。

另外，威廉姆森还分析了交易费用的影响因素。他认为，交易费用的影响因素主要是环境的不确定性、小数目条件、组织或人的机会主义以及信息不对称等，这些因素构成了市场与企业间的转换关系。

### 2.5.2　渔业产品质量安全与交易费用理论

渔业产品质量安全涉及从苗种培育、养殖、加工、销售到食用整个过程各个阶段的质量安全控制和管理。为了保证渔业产品质量安全，就得对整个渔业产品生产供应链实行契约协作的纵向一体化管理。契约协作的目的就是为了节约交易费用，提高交易效率。按照科斯提出的交易费用理论，涉及渔业产品质量安全有关的交易费用主要表现为信息搜寻成本、交易谈判成本、执行成本、监督成本和交易后成本。

交易费用也是影响消费者是否购买安全水产品的重要因素。如果水产市场缺乏渔业产品质量安全分级机制，自然会增加消费者对安全水产品的搜寻成本。即使消费者花高价买到了劣质产品，只要没有出现严重的食物中毒事故，由于诉讼成本高昂、诉讼周期长、涉案经济价值较低等原因，消费者往往会选择放弃索求经济赔偿和追求销售方的法律责任，其最终结果也就导致水产"柠檬"市场。在渔业产品质量安全领域，影响交易费用大小的因素多种多样，其影响因素主要体现在利益主体的有限理性、普遍的机会主义、资产专用性程度、市场交易频率和不确定性等。

**（1）利益主体的有限理性和不确定性**

在利益主体完全理性的假设下，交易双方都会不计成本地搜寻各种相关信息，并缔结考虑周全的完全契约。但是，现实中往往不存在完全理性，通常表现为有限理性，在有限理性之下，当然也不存在完全契约。契约是在对未来交易的完美假设下缔结的，存在很多影响因素和变数。威廉姆森于 1979 年认为，不确定性是人们具有有限理性的重要原因。在交易过程中，交易双方不但需要面对来自外部环境的各种不确定因素，同时还需面临因各种原因产生的内部不确定因素。

根据当前我国渔业行业的现状可以判断，我国水产养殖主要以个体养殖为主、公司化生产为辅，大部分养殖户教育程度低，缺乏搜寻相关信息的手段和途径，对眼前利益看得相对较重，他们在缔结契约时的理性更加有限。水产品经营者虽说相对见多识广，但是他们也通常存在受教育程度低、唯利是图等缺点，无法做到完全理性。由于信息不对称，消费者不容易获取有关渔业产品质量安全的信息，在交易时自然也不可能完全理性。另外，水产品的养殖容易受天气、疫情等不确定因素的影响，即使缔结了比较理性的契约，但是，谁都无法保证养殖户一定能养成养好供交易用的水产品，很多变数非人力所能控制。因此在渔业行业，有限理性是自然的。

**（2）机会主义**

机会主义是指出于对自身利益的考虑和追求，人们通过随机应变、投机取巧地为自己牟取更大利益的倾向。威廉姆森曾对人的行为特征做了基本假设，他认为经济活动中的人总是尽最大可能保护和增加自己的个人利益，而且为了利己，还可能不惜损人。他将这种一有机会就会损人利己的"本性"称为"机会主义"，同时也将机会主义定义为一种基于追求自我利益最大化而采取的狡诈性策略行为，包括撒谎，欺骗，盗取，制造假象误导、伪装，有目的地迷惑、混淆等。

在水产品生产和经营过程中，普遍存在着各种机会主义。某些水产养殖者为了缩短生产周期、增大产品规格、提高水产品成活率，在养殖过程中就会购买和使用法律法规明文规定禁止在渔业中使用的激素或者药物。黑心商贩为了使得水产品看上去比较新鲜，故意涂抹一些上色剂，或者违规添加某些保鲜剂。种种机会主义行为也使得水产品市场充斥着一些劣质假冒产品，从而降低整个渔业行业的质量安全水平。

（3）资产专用性程度

根据威廉姆森于 1979 年对资产专用性的定义，资产专用性是指为了某一特定的交易进行的耐久性投资，而这种投资一旦完成，则很难在不发生巨大损失的情况下将该投资转移到其他用途上，而只能用于此特定交易。这种耐久性投资通常具有专门的用途，假如交易过早结束或者终止，还会形成沉淀成本，无法回收。

对于渔业产品的生产来说，水产养殖受水源、地形、交通等条件的影响，其养殖场投资具有很强的地点专用性，养殖场的投饵机、网具以及水产加工厂的加工流水线等设备设施又具有很高的实物专用性，水产养殖和水产加工中的人力资源通常都需要特定技能，必须经过专业教育或者训练，往往具有明显的人力专用性。资产专用性越强，其机会成本就越高，受到交易对方利用契约漏洞要挟的风险越高，专用性资产的预期收益也因此存在更多不确定性和高风险性。

（4）市场交易频率

按照科斯和威廉姆森的理论，交易频率越高，将交易成本分摊到每一次交易上时，平均交易成本则会相对较低。反之，交易频率较低，则分摊到各次交易上的成本就会比较高。其实，基本原因就是因为存在"规模经济"的问题，如果交易频率低，契约成本和事后成本就会因为交易规模太小而不经济，每次交易的成本就会偏高。

在渔业行业中，也是如此，很多养殖场与加工厂或者经营者建立了稳定、长久的契约合作关系，虽然此种关系需要双方投入一定的人力和物力经常维护和监督，但是，其单次交易成本也会因为频繁、高效交易关系而降低。假如缺乏这种关系，每次交易都得投入各种相关成本，比如搜寻交易方行为信息、信用信息、产品质量信息和缔结交易关系等成本。当存在稳定和长久的契约关系后，就不需要每次交易都得投入成本搜寻交易方相关信息，自然也降低了各次交易的费用。

## 2.6　渔业产品质量安全问题的行为理论分析

### 2.6.1　生产者行为理论

**（1）逆向选择**

美国经济学家乔治·阿克劳夫在 1970 年提出的"逆向选择理论"揭示了看似简单实际上又非常深刻的经济学道理。所谓逆向选择是指由于交易双方信息不对称和市场价格下降产生的劣质品驱逐优质品，进而导致市场交易产品平均质量下降的现象。

在现实的经济生活中，存在着一些和常规不一致的现象。本来按常规，降低商品的价格，该商品需求量就会增加；提高商品的价格，该商品供给量就会增加。但是，由于信息的不完全性和机会主义行为，有时候，降低商品的价格，消费者也不会做出增加购买的选择，提高价格，生产者也不会增加供给的现象，所以被称作"逆向选择"。在产品市场上，由于卖方比买方拥有更多的关于产品质量的信息，买方由于无法识别产品质量的优劣，而只愿支付产品的平均价格，这就使优质品价格被低估而被迫退出市场交易，结果只有劣质品成交，进而导致优质品被赶出市场。

假定市场上只有两种质量不同的水产品，即：优质品 A 和劣质品 B。假如买卖双方对渔业产品质量安全有着对称的信息，正常情况下优质品价格该为 $P_A$，劣质品价格该为 $P_B$。当对优质品需求增加时，$P_A$ 上升，引导资源配置向 A 转移，进而市场增加 A 的供给。质量信息成为卖方的私有信息，劣质品卖方极可能产生机会主义行为，将劣质品冒充为优质品并以低于 $P_A$ 的价格出售。而由于信息不对称，买方无从判断哪些是优质品哪些是劣质品，也害怕以 $P_A$ 买到 B，如果缺乏必要的手段和途径区分这两类不同的产品，结果是买方对市场上所有的卖方都难以信任，在有限理性下只会选择支付较低的价格去购买该水产品。致使在交易市场上两种质量不同的产品按同一种价格 $P$ 出售，也就出现了水产品市场典型的"逆向选择"现象（见图 2-4）。

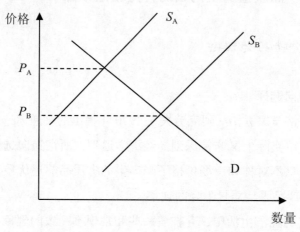

图 2-4　水产品市场上的逆向选择

长此以往，循环往复，水产品生产者就会偏离正常的质量、价格、产量等之间关系的平衡状态，形成一种复杂的非线性动态过程，最终结果就是劣质水产品将优质安全的农产品逐出市场，破坏正常市场平衡关系，市场上水产品的质量水平也不断降低。从上述分析可以判断，水产品交易市场上买卖双方的信息不对称造成了买方的逆向选择行为，逆向选择进而导致水产品质量不断下降，它是导致农产品质量不断下降的根本原因。

（2）道德风险

道德风险（Moral Hazard）是 20 世纪 80 年代西方经济学家提出的一个经济哲学范畴的概念，指从事经济活动的人在最大限度地增进自身效用的同时做出不利于他人的行动或者说当签约一方不完全承担风险后果时所采取的自身效用最大化的自私行为。还有学者将之定义为参与契约的一方所面临的对方可能改变行为而损害到本方利益的风险。在水产市场上，最主要的道德风险，表现在水产品生产者为了增加个人收益利用信息不对称采取一些损害对方的行为或者放任某些不安全因素任其发展，比如，在生产过程中，滥用抗生素和添加剂、不遵守休药期规定等，以达到缩短水产品养殖周期、提高养殖成活率、增大产品规格、改善水产品外观、延长保质期等目的，进而在损害买方利益的条件下增加自己的不道德收益。

　　但是，需要注意的是道德风险并不等同于道德败坏。在经济活动中，道德风险问题相当普遍。斯蒂格里茨在研究保险市场时，发现了一个经典的"道德风险"例子（见案例）。

---

**案例**

### "道德风险"

　　美国一所大学的学生自行车被盗比率约为10%，有几个有经营头脑的学生发起了一个对自行车的保险，保费为保险标的的15%。按常理推断，这几个有经营头脑的学生应获得5%左右的利润。但该保险运作一段时间后，这几个学生不但发现没有盈利反而亏损，分析后发现自行车被盗比率迅速提高到15%以上。何以如此？这是因为自行车投保后学生们对自行车安全防范措施明显减少。在这个例子中，投保的学生由于不完全承担自行车被盗的风险后果，因而采取了对自行车安全防范的不作为行为。而这种不作为的行为，就是道德风险，但是却不可称为道德败坏。

　　（信息来源：《金融学》，作者为［美］兹维.博迪和罗伯特.C.莫顿）

---

　　根据上述理论可知，由于生产者的有限理性以及机会主义，极有可能没有严格遵循法律法规和生产操作规范进行标准化生产，而采取一些有利于其利益的其他行为。水产市场上也容易因此出现道德风险的问题，假设市场上对某种水产品存在需求，生产者生产和供应该水产品也有利

可图。同时，假设 $I_i$ 为生产者从第 $i$ 期生产周期获得的利益，$t$ 为生产者的生产期数，那么该生产者收益总和的现值 $W$ 就可表示为：

$$W = I_1 + \theta I_2 + \cdots + \theta^{t-1} I_t \tag{2-1}$$

其中：$\theta$ 为贴现值。

假设生产者从事道德风险行为被发现的概率为 $P$；假设在第 $i$ 期采取了道德风险行为且未被发现，可以从中获得额外利益 $X$；假设第 $i$ 期从事道德风险行为被发现且支付罚金后仍有收益 $Y_i$，那么，预期总收益的现值就可表示为：

$$W = \left[(1-P)(I_1 + X) + PY_1\right] + \theta\left[(1-P)(I_2 + X) + PY_2\right] + \cdots + \theta^{t-1}\left[(1-P)(I_t + X) + PY_t\right] \tag{2-2}$$

假设在无道德风险行为情况下，生产者第 $i$ 期的效用函数为 $U_i = I$，则无道德风险行为下的预期总效用可以表示为：

$$U = U_1 + \theta U_2 + \cdots + \theta^{t-1} U_t = I\frac{1-\theta^t}{1-\theta} \tag{2-3}$$

假设在有道德风险行为情况下，生产者从事道德风险行为被发现的概率为 $P$；假设在第 $i$ 期采取了道德风险行为且未被发现，可以从中获得额外利益 $X$；假设每期从事道德风险行为被发现且支付罚金后仍有收益 $Y$，则有道德风险行为下的预期总效用可以表示为：

$$
\begin{aligned}
U &= U_1 + \theta U_2 + \cdots + \theta^{t-1} U_t \\
&= (1-P)X\left(1+\theta+\cdots+\theta^{t-1}\right) + I\left(1+\theta+\cdots+\theta^{t-1}\right) - P(I-Y)\left(1+\theta+\cdots+\theta^{t-1}\right) \\
&= (1-P)X\frac{1-\theta^t}{1-\theta} + I\frac{1-\theta^t}{1-\theta} - P(I-Y)\frac{1-\theta^t}{1-\theta}
\end{aligned} \tag{2-4}
$$

式（2-4）与式（2-3）之差就是生产者选择道德风险行为将增加的效用，表示为：

$$\Delta U = (1-P)X\frac{1-\theta^{t}}{1-\theta} - P(I-Y)\frac{1-\theta^{t}}{1-\theta} = \frac{1-\theta^{t}}{1-\theta}[(1-P)X - P(I-Y)] \quad (2-5)$$

$\Delta U > 0$，表示假如生产者选择从事道德风险行为将获取额外效用，$\Delta U$ 越大，诱使生产者进行机会主义活动的可能性越大；$\Delta U$ 越小，从事道德风险行为的额外效用越小，其动机也越小。

### 2.6.2　经营者行为理论

**（1）声誉机制**

自亚当·斯密以来，经济学界已经把声誉机制作为保证契约执行的重要机制之一。交易主体的声誉是交易参与者对该交易主体的信誉、行为和品质的积极认同。在信息不对称的情况下，声誉也就起到了标识和辨别的作用，一定程度上也是隐藏信息的替代品。具有声誉的交易主体也能因此获取一些其他主体得不到的利益，不会在其身上发生逆向选择现象，其优质产品也不会被其他劣质品挤出市场，其生产或者销售的优质产品仍然可以在市场上获得应得价格。对于消费者来说，利用产品经营者的声誉，可以减少自己的信息搜寻成本，降低以高价买到劣质品的风险，确保购买到与支付价格相应的优质产品。

从管理学看来，追求良好声誉是企业不断发展和自我实现的需要。知名企业推行的品牌战略和创建驰名商标等行为，归根到底就是为了营造良好的企业声誉，声誉能够在一定程度上缓解交易双方间信息不对称带来的弊端，帮助交易方节约成本，缩短缔约时间，提高履约效率，减少维护交易关系的成本。声誉的主动权在于社会公众，产品经营者只能营造个体声誉，是否具有良好声誉的判断标准由广大的消费者来最终决定和认可。任何产品的经营者要想在社会上营造良好的商业声誉必须经过一段长久、持续、稳定的过程，而且其间不能出现破坏声誉的任何事件。正因为营造声誉的高成本、长周期、难保持等特点，真正能得到广大消费者认可、具有市场美誉度的企业相对于行业内众多企业来说是凤毛麟角的。

声誉的主要作用体现于抑制机会主义和降低交易费用。由于水产市场上普遍存在的信息不对称现象，使得水产品经营者不时选择机会主义行为以获取额外利益。当声誉机制发生作用时，与声誉主体某一次的欺骗、伪装或隐瞒行为有关的信息就会在交易对象中传开，其后果就是获取信息的交易对象给予拒绝合作的惩罚。声誉主体在声誉资本带来的收益大于因机会主义行为所带来的额外效用时，就会自觉遵守市场规则，进而抑制机会主义倾向。声誉在很大程度上可以帮助降低交易费用。选择机会主义的声誉主体具有损失声誉这个抵押资本的风险，一定程度上也可以看到违反合约的潜在惩罚条款。营造良好声誉的成本是一个资本专用性很强的投资，假如遭受惩罚，该投资也就会变成一种沉淀成本，对声誉的投资越大，遭受惩罚的机会成本就越大，声誉的可靠程度也就越高，声誉主体对自我行为就会采取严格限制和监督，从而与之交易的交易对象也可以减少契约监督成本。

声誉机制的作用机理见图 2-5，建立良好的声誉机制离不开以下几个方面：①完善的产权制度；②规范的政府行为；③良好的信息传播机制；④有效的法律保障。声誉机制的作用机理主要在于：通过对市场主体的激励与约束来实现声誉的价值。图 2-5 可简单表示声誉机制的具体作用机理。

对于渔业行业来说，不像汽车、彩电、冰箱等大件耐用品比较吸引眼球，水产品经营者要想吸引消费者去关注和记住提供优质水产品的企业信息更加困难。鉴于水产品特点和市场关注度等原因，目前应首先做到的就是在渔业领域扩大知名度，建立行业内部美誉度，再逐步将声誉战略推向整个消费市场，在社会公众中营造良好的企业声誉和产品知名度。目前有些渔业行业的龙头企业已经开始推行"声誉"战略，采用在水产市场建立"专柜"销售、申请商标进行挂牌销售、建立代理—委托人形式的养殖、供货关系等具体措施，某些先行企业已经从中获益。

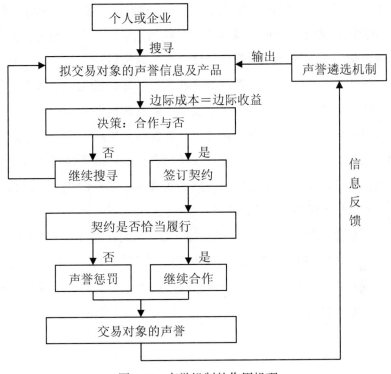

图 2-5 声誉机制的作用机理

**（2）法律风险**

风险其实就是指将来可能产生的各种损失，风险的存在主要是因为现实世界的不确定性，也就是说损失的发生与否、可能性大小以及危害程度都具有不确定性和突发性。某些学科还把风险定义成损失发生的可能性或概率和危害程度的乘积，也可以用下式表示为：

风险（$R$）＝发生概率（$P$）× 危害程度（$D$）

通常所说的法律风险，可以定义为经营者的外部法律环境发生变化或其生产经营行为发生改变，致使其行为未严格遵照法律法规或者合同契约，从而使得需要面临法律追究责任的风险。一般来说，经营者的法律风险根据风险来源可以分为内部风险和外部风险。内部风险通常来自于经营者本身或者经营者所处的内部环境，例如经营者法制意识不强，内部质量安全监管不力等等。外部风险来源于经营者外部环境所产生且无法单独根据主观意愿进行改变的风险，比如投资风险、合同风险等等。

经营者在建立法律风险管理机制时应当遵循以下主要原则：①制度化、规范化。建立法律风险管理制度，规范风险管理流程。制度能规范内部个体行为，提高风险管理的效率和效果。②特殊化、个体化。各行各业法律风险都不尽相同，在建立法律风险管理机制时，必须与本行业的特点及经营者的实际情况紧密结合，如此法律风险管理机制才能保证效用最大化。③契约化、合同化。在经营者企业内部管理以及采购、贮存、销售等各环节之间都采用契约形式明确规定各自的职责、权利和义务，以便确保责任到人，管理有序。

诉讼概率（$P$）的高低与诉讼成本（$C$）之间存在着一个明显的反比关系（图 2-6）。该图反映了诉讼成本越低，消费者越容易提请诉讼，诉讼概率就越高直至接近 1；随着诉讼成本的不断升高，处于成本和收益的比较考虑，提请诉讼的概率就越低。

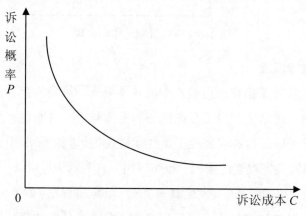

图 2-6　诉讼成本与诉讼概率之间的反比关系

诉讼成本和诉讼收益之间的比较和衡量，是消费者是否提请法律诉讼的另一个主要决定因素。任何水产品法律风险，诉讼成本和诉讼收益之间的关系都能通过图 2-7 来表示，诉讼的成本和收益之间存在着 4 种可能组合。组合 A 代表低成本、高收益，组合 B 代表高成本、高收益，组合 C 代表低成本、低收益，组合 D 代表高成本、低收益。在这 4 种组合之中，组合 A 是最佳选择，投入少，回报高，消费者提请诉讼的概率最大；组合 B 和组合 C 则是次优选择；组合 D 是最差选择，诉讼性价比最大，回报率最低，提请诉讼的概率也最低。

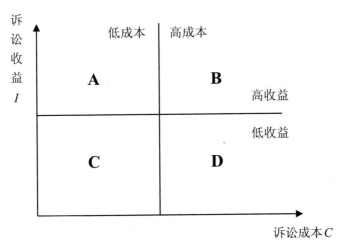

图 2-7　诉讼成本与诉讼收益的可能性组合

在现实情况下，还存在法律风险和渔业产品质量安全水平之间的组合。如图 2-8 所示，对于经营者来说，组合 D 似乎是最稳当的选择，法律风险低，渔业产品质量安全水平高，但是其经济收益不高，组合 C 的经济收益有可能反而最高。低法律风险的水产市场容易滋生"逆向选择"现象，造成低质水产品将优质水产品挤出水产市场的现象，所以在低风险的情况下，组合 D 不能长久持续，组合 C 反而会是普遍存在的状况。而当水产市场面临高法律风险时，经营者应该也不会销售低质量的水产品，否则只能不断受到严厉的法律惩罚，最终结果不是破产就是提高质量安全水平，所以组合 A 也不能长久持续，组合 B 会是普遍存在的状况。因此，在我国当前的低风险的渔业法律环境之中，现实情况决定了水产品经营普遍以组合 C 形式出现。

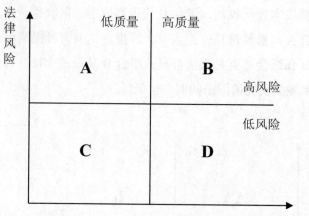

图 2-8　法律风险与渔业产品质量安全水平的可能性组合

对于水产品经营者来说，法律风险相对其他产业要低，其主要原因体现在以下几个方面：①违法发现概率低；②针对水产品经营者违法行为的法律法规不健全；③违法发现后遭受的惩罚相对比较小；④诉讼成本过高。

### 2.6.3　消费者行为理论

消费是一切经济活动的关键，几乎所有经济活动都能与消费产生关联，这也使得消费问题成为微观经济学研究的基本问题。现在消费经济理论主要包括新古典经济理论、消费心理理论和制度因素理论，最关键的核心内容则是消费者行为假定理论。凯恩斯在新古典经济理论中曾指出，影响人们消费动机和消费行为的因素非常繁多，民族、教育、收入、经济制度、宗教、道德观念、生活经验等等都能在很大程度上影响消费者的行为选择和消费动机，其影响因素涉及面广泛，包括了社会的、经济的、历史的、心理的等诸多方面。

（1）认知能力

通常说来，消费者通过教育、学习以及经验等能提高自身对商品的认知能力，在一定程度上可以避免信息不对称带来的弊端。可是，对于不同产品和不同产品特性，则差别很大。通过肉眼判断可获得的信息可以通过不断提高自身的认知能力而规避消费风险，比如服装、箱包等的质量。但是对于需要借助仪器设备才能获得的信息就无法依靠提高自身的认知能力来规避风险了。

对于渔业产品来说，虽然消费者通常能根据自己的知识和经验判断产品是否新鲜，但是对于药残、微生物含量等卫生安全指标，由于其信任品和经验品的特性，即使是专业人士也无法不通过借助仪器判断产品是否达到食用安全水平，消费者则更具有明显的信息劣势，无法获知渔业产品生产者提供的水产品是否经由负责任的水产养殖操作行为养殖而成，也无法获知渔业产品经营者是否在采购、运输、暂养和销售过程中添加了违禁药品或者保鲜剂。由于先天性的信息劣势和渔业产品质量安全特性，消费者很难提高渔业产品质量安全认知能力。

（2）收入理论

消费者收入是影响消费行为的最重要因素之一，因此针对收入对消费的影响也一直是消费经济理论的研究热点，目前在经济学中已经存在很多的相关理论和研究。凯恩斯曾提出"绝对收入理论"，即消费将随绝对收入的增减而增减，消费量变动幅度小于收入变动幅度，边际消费倾向处于 0 和 1 之间，而且随着收入的增加，边际消费倾向具有减小的趋势。其后，杜森贝里接着提出了"相对收入理论"，即消费支出受消费者自身收入和他人收入与支出的共同影响，收入中的支出比例不一定随自身收入变动发生同向变化，而且该理论还认为当前消费还与过去收入有关，具有"消费习惯"的影响。

接着，弗里德曼又进一步深化，提出"持久收入理论"，即消费者某一时期的收入应包括即时收入加持久收入，某一时期的消费也应包括即时消费加持久消费，而且它们之间没有固定影响关系，但都会受到消费者偏好、固定资产、利率等的影响。最后，莫迪里安尼进一步完善了收入影响消费的理论，提出了考虑到不同人生阶段的"生命周期理论"，即消费者一生中不同阶段的收入与消费间关系是不同的，少年和老年阶段消费大于收入，壮年阶段收入大于消费，壮年收入不但用于消费还得储蓄为养老做准备。

（3）心理学等其他理论

研究消费者行为选择的问题，不但需要考虑上述的经济学理论，除此之外，还得研究其他相关学科，如心理学、社会学等相关理论。巴甫洛夫就曾从心理学角度研究了人们消费行为的发生机制和心理过程，结论就是一种"刺激—反应"过程，而且该过程还涉及诱因、驱策力、反应和强化4个阶段。诱因引发驱策力，进而诱发相应的消费行为，诱因的重复可以强化消费行为，最终将消费行为选择付诸行动。维布雷宁曾研究设计出消费行为的社会心理模式，该模型中消费者被置于受到社会群体、阶层、家庭等影响之下的社会环境之中，进而推断购买行为是消费者对外部社会环境变化的一种能动反应。尼科西亚则强调信息对消费者行为选择的影响作用，认为生产经营者将有关商品信息传递给消费群体，促使消费者逐步形成对该商品的态度，帮助消费者进一步形成购买动机并完成商品选择，最终驱动消费者执行购买行为。

## 2.7　本章小结

1）渔业产品质量安全相关主体之间存在典型的信息不对称现象，其中生产经营者与消费者之间的信息不对称现象尤为明显。渔业产品质量安全具有"经验品"和"信任品"的特征，决定了生产供应链后环节主体很难从前环节获取足够的质量安全相关信息。

2）渔业产品"柠檬市场"的形成，主要是由于优质渔业产品不能将质量安全信号传递给消费者。鉴于中国的渔业国情和发展特点，很难通过采取一体化、专用性资产投资等途径减少信息不对称。由于边际成本大于边际收益，生产经营者也缺乏传送质量安全信息的激励。

3）在信息不对称和"柠檬市场"的条件下，个人机会主义行为倾向更加容易发生。在市场价格既定的条件下，养殖户趋向于提供低质产品，提高产品产量，以获取最大化收益。

4）如果对渔业产品质量安全认知不充分，更新不迅速，应对不及时，就会造成重大损失，严重影响我国水产企业和养殖户的经济利益和产品声誉，渔业产品质量安全各相关主体也会陷入博弈论中的"囚徒困境"。

5）因为"经济人"假设、个体行为选择、"特殊利益集团"等原因，依靠行业内部生产者、经营者和消费者自身的力量，绝难消除质量安全问题。提高渔业产品质量安全水平，必须依靠政府的科学决策和管理，结合行业内部各方利益主体的努力，避免出现个体利益行为。

6）质量经济学揭示了一个明显规律：成本投入—质量提高—成本降低—收益增加。对于生产经营者来说，成本考虑的主要目标就是在特定质量水平的基础上，选择最低的成本支出，从而获得最佳的"质量价值"选择。

7）按照科斯提出的交易费用理论，涉及渔业产品质量安全有关的交易费用主要表现为信息搜寻成本、交易谈判成本、执行成本、监督成本和交易后成本。具体影响交易费用大小的影响因素主要体现在：利益主体的有限理性、普遍的机会主义、资产专用性程度、市场交易频率和不确定性等方面。

8）交易主体的声誉是交易参与者对该交易主体的信誉、行为和品质的积极认同。声誉机制在水产市场上的主要作用体现于抑制生产经营者的机会主义倾向和降低交易费用。在管理学看来，追求良好声誉是企业不断发展和自我实现的需要。

9）诉讼概率与诉讼成本之间、诉讼成本与诉讼收益之间的比较和衡量，是消费者是否提请法律诉讼的主要决定因素。在低法律风险情况下，低质量是个收益高、稳定的选择；在高法律风险下，高质量是个稳妥、保险的选择。

10）对于水产品经营者来说，法律风险相对其他产业要低，其主要原因体现在：违法发现概率低、针对水产品经营者违法行为的法律法规不健全、违法发现后遭受的惩罚相对较小、诉讼成本过高。

11）影响消费动机和消费行为的因素非常繁多，民族、教育、收入、经济制度、宗教、道德观念、生活经验等等都能很大程度地影响消费者的行为选择和消费动机，其影响因素涉及面广泛，包括了社会的、经济的、历史的、心理的等诸多方面。

# 第3章 渔业产品质量安全现状与问题分析

渔业是农业的重要组成部分，也是解决食品数量安全问题的重要途径之一。改革开放20多年，国民经济的快速发展，人民物质生活水平的不断提高，为渔业的持续健康发展奠定了坚实的物质基础。同时，加入世界贸易组织，又为我国渔业参与世界水产市场竞争提供了很好的外部环境与发展机遇。但随着世界经济一体化进程的加速，国内国外两个市场的竞争均日趋激烈，我国渔业产品质量安全问题不断影响着全球水产品食用安全和出口贸易。

## 3.1 渔业产品质量安全的总体发展状况

近年来，渔业发展速度较快，集约化、规模化、规范化程度不断提高。2005年我国水产品产量高达 $5\,100 \times 10^4\,t$，人均水产品占有量超过 $35\,kg$，出口量为 $315.3 \times 10^4\,t$，出口总额达78.88亿美元，养殖产量占世界养殖总产量的70%，5年内总产量年均递增3.31%，出口额连续6年居我国农产品出口首位，渔业产量连续16年位居世界第一。根据最新统计数据，2006年我国水产品产量高达 $5\,290.4 \times 10^4\,t$，出口量达到了 $301.5 \times 10^4\,t$，出口额达到了93.6亿美元，分别比上年增长17.4%和18.7%。但是，我国水产品加工率很低，仅占总产量的 27% ~ 30%。发达国家的水产品加工率高达 70% 以上，而且水产加工品总产量也只有 $651.52 \times 10^4 t$，约仅占渔业总产量的 15.2%，水产品的综合利用率也很低。

在水产品产量和贸易总额快速增长的同时，我国渔业产品质量安全水平也有了较大幅度的提升，渔业产品质量安全管理工作也得到了明显的加强与改善。相关管理部门已经制定了一大批技术操作规范、规程和产品标准，规划、建设了一批渔业产品质量检测机构，逐步开展了无公害认证、绿色食品认证、有机认证和 HACCP 认证等一系列水产品认证。另外，某些城市还试点示范了水产品市场准入制度和可追溯管理制度。

"十五"期间，我国水产品药残监测综合合格率由 2002 年的 89% 提高到"十五"期末的 95% 以上，特别是氯霉素残留检测合格率由 2003 年的 83% 提高到 2005 年的 98.4%。根据农业部 2006 年第二次农产品质量安全例行监测显示，北京、天津、上海、广州、郑州、武汉、南昌、深圳 8 城市水产品中"氯霉素"监测平均合格率为 99.2%；8 城市水产品中"孔雀石绿"监测合格率依次为：北京、南昌，合格率 95%；天津、深圳、郑州，合格率 90%；排名较后的城市有广州、武汉、上海。监测结果表明，我国渔业产品质量安全状况总体上是安全放心的。

根据农业部 2007 年 1 月和 4 月两次农产品质量安全例行监测显示，水产品中氯霉素检测的平均合格率为 99.6%，其中超市、批发市场和农贸市场分别为 100%、99.7% 和 99.3%。2007 年 4 月对水产品进行硝基呋喃类代谢物污染监测，合格率为 91.4%。水产品产地药残抽检合格率稳定在 95% 以上，渔业产品质量安全总体水平不断提升。

为实现从"池塘到餐桌"的渔业产品质量全程管理目标，2002 年农业部和有关省市渔业主管厅局从源头抓起，开始实施国家水产品（产地）药物残留监控计划，渔业产品质量安全例行监测范围不断扩大。在强化源头监控的同时，北京、上海、厦门、大连、广州、深圳等城市还积极探索产地准出和市场准入的新型管理制度。江苏省南京市水产品批发市场还在全国率先对入市水产品实施 IC 卡管理，建立渔业产品质量安全追溯平台，推行"场地挂钩、场厂挂钩"等做法，积极探索和实现对问题产品的追溯管理（新农村商网，2007 年 9 月 26 日）。

## 3.2　渔业产品质量安全的政府监管体系

### 3.2.1　我国渔业产品质量安全管理机构及职能

（1）主要管理部门

由于我国幅员辽阔，渔业生产规模庞大，对渔业产品的质量管理采取多部门齐抓共管体制。根据政府各部门的职能分工，与渔业产品质量安全管理相关的政府机构涉及农业、海洋、质检、卫生、食品药品监管、发展改革、工商、环保、商务、认证认可、标准化等十几个部门，涉及部门众多，管理职能划分较细（见表 3-1）。

表 3-1　与渔业产品质量安全管理相关的主要政府部门

| 管理环节 | 政府部门 |
| --- | --- |
| 产地环境 | 环保、农业、海洋、质检 |
| 投入品 | 农业、卫生、质检、工商、发展改革 |
| 养殖过程 | 农业（渔业）、海洋 |
| 捕捞过程 | 农业（渔业、渔船）、海洋 |
| 加工过程 | 质检、卫生、农业 |
| 市场流通 | 工商、农业、商务、卫生、质检、食品药品监管 |
| 水产品出口 | 商务、质检 |
| 质量标准 | 农业、质检、环保、卫生、标准化 |
| 认证认可 | 认证认可、农业、质检 |
| 检验检测 | 农业、卫生、质检、食品药品监管 |
| 法律法规 | 人大、农业、环保、海洋、卫生、质检、工商、标准化 |
| 人员培训、技术推广 | 农业、教育 |

（2）各部门主要职能

国务院对各政府部门的职能定位均有相对明确的规定，各部门在渔业产品质量安全管理中具体承担的管理职责可见表 3-2。

即使在农业部内部，也有多个司局对渔业产品质量安全具有不同的监管职能：①渔业局，负责水产品养殖、加工过程的质量监督管理，渔业行政执法；②兽医局，负责兽（渔）药监督管理和进出口管理；③畜牧业司，负责饲料产品质量安全监督管理。

2004 年，国务院曾按照一个监管环节一个部门负责监管、分段监管为主、品种监管为辅的原则，对我国农产品质量安全管理的政府职能做过重大调整，进一步梳理了农产品质量安全监管职能：农业部门负责初级农产品生产环节的监管；质检部门负责加工品加工环节的监管；工商部门负责食品流通环节的监管；卫生部门负责餐饮业和食堂等消费环节的食品监管；食品药品监管部门负责对食品安全的综合监督、组织协调和依法组织查处重大事故（表 3-2）。调整后的农产品质量安全管理体制从 2005 年 1 月 1 日便开始实施。

表 3-2　各政府部门与渔业产品质量安全管理有关的职能定位

| 管理部门 | 职能定位 |
| --- | --- |
| 农业部门 | 负责渔业资源、渔业水域开发利用以及水生野生动植物保护和管理；负责渔业标准化和质量安全管理工作；负责水产养殖中的兽药使用、兽药残留检测和监督管理，参与起草有关法律法规；组织实施初级水产品的质量监督和认证工作；负责水生动植物防疫工作；负责水产投入品的登记许可；组织协调水产投入品质量监测、鉴定和执法监督；行使渔船检验和渔政、渔港监督；负责无公害农产品认证和绿色食品认证的实施、监督和管理 |
| 质检部门 | 实施国内水产品加工环节质量安全卫生监督管理；实施国内水产品加工生产许可、强制检验等水产加工品质量安全准入制度；负责进入市场后水产品、水产添加剂、水产品包装的质量安全监督和检疫；负责进出口水产品、水产添加剂、水产品包装的质量安全监督和检疫；管理和协调产品质量的行业监督、地方监督与专业质量监督；管理质量仲裁的检验和鉴定工作；监督管理产品质量检验机构，管理国家产品质量监督抽查免检工作 |

（续表）

| 管理部门 | 职能定位 |
|---|---|
| 海洋部门 | 监督管理海域使用，颁布使用许可证；组织拟定海洋环境保护与整治规划、标准和规范，拟定污染物排海标准和总量控制制度；管理海洋环境的调查、监测、监视和评价，主管防止污染损害和保护海洋环境；管理"中国海监"队伍，依法实施巡航监视、监督管理 |
| 环保部门 | 负责监督和管理水产品产地环境的污染防治；负责渔业水域环境的保护和管理 |
| 卫生部门 | 监督管理传染病防治和食品工作，组织制定食品质量管理规范并负责认证工作；负责餐饮业、食堂等消费环节的水产品卫生安全管理 |
| 食品药品监管 | 行使水产食品安全管理的综合监督职责；组织协调有关部门承担的水产食品安全监督工作；组织协调开展全国水产食品安全的专项执法监督活动；组织协调和配合有关部门开展水产食品安全重大事故应急救援工作 |
| 工商部门 | 负责水产品生产经营者主体资格的注册、审定、批准、颁发有关证照并实行监督管理；组织监督水产品市场竞争行为，查处垄断、不正当竞争等经济违法行为；组织监督水产品市场交易行为，组织监督流通领域水产品质量，组织查处假冒伪劣等违法行为；对水产品市场经营秩序实施规范管理和监督 |
| 认证认可部门 | 负责进出口水产品加工单位的卫生注册登记的评审和注册工作；管理相关校准、检测、检验实验室技术能力的评审和资格认定工作，组织实施对出入境检验检疫实验室和产品质量监督检验实验室的评审、计量认证、注册和资格认定工作 |
| 标准化部门 | 负责起草、修定国家标准化法律法规的工作；负责组织、协调和编制国家标准的制定和修订计划；负责组织国家标准的制定和修订工作，负责国家标准的统一审查、批准、编号和发布 |
| 商务部门 | 负责水产品进出口贸易的监督和管理 |
| 教育部门 | 负责水产相关专业人员的教育、培训工作 |
| 公安部门 | 负责查处各类渔业产品质量安全违法犯罪行为 |
| 发展改革 | 负责渔业行业和食品质量安全的规划管理 |

虽然各个政府部门在渔业产品质量安全管理中的职能定位侧重点不尽相同，但是其中仍存在不少政府职能定位和监管分工的问题，不同政府部门之间职能依然交叉严重，渔业产品产业链的每个环节都至少有两个以上的政府部门进行管理，最多的环节甚至涉及 8 个政府部门的管理，很多环节还是有着严重的多头管理问题。所以，对于渔业产品质量安全管理的政府职能分工和定位来说，2004 年国务院针对农产品质量安全管理职能的调整并不成功，其调整原则也没有充分落实到位，政府监管中的问题依旧存在。

### 3.2.2　我国渔业产品质量安全管理体系建设情况

#### （1）法律法规体系

到目前为止，与渔业产品质量安全管理有关的法律、法规有：《中华人民共和国渔业法》及其实施细则；《中华人民共和国农产品质量安全法》；《中华人民共和国产品质量法》；《中华人民共和国食品卫生法》；《中华人民共和国标准化法》及其实施条例；《中华人民共和国进出口商品检验法》；《中华人民共和国进出境动植物检疫法》；《中华人民共和国动物防疫法》；《中华人民共和国环境保护法》；《中华人民共和国水污染防治法》及其实施细则；《中华人民共和国海洋环境保护法》；《水产养殖质量安全管理规定》；《水产苗种管理办法》；《饲料和饲料添加剂管理条例》；《兽药管理条例》及其实施细则；《无公害农产品管理办法》；《水生野生动物保护实施条例》等。

上述一系列的法律法规为我国渔业产品质量安全管理的合法、顺利开展奠定了一定的法律基础。近几年，为适应新形势下渔业产品质量安全管理工作发展的需要，各有关政府部门以及各级地方政府也都加快了制修定有关法律法规和规章制度的步伐。渔业产品质量安全法律法规体系的建设和完善，有效推动了渔业产品质量安全管理逐步走向法制化、标准化轨道，将强有力地规范政府、养殖户、捕捞渔民、加工厂以及经销商的市场行为，提高水产违法违规行为的法律风险，确保为消费者的食用安全进行保驾护航。

（2）标准体系

渔业标准化工作是农业部管辖的几个行业中标准化工作开展得较早和较好的一个行业。自 20 世纪 70 年代初期开始，经过 30 多年的努力，我国的水产标准化工作取得了可喜的成绩。近年来，我国建立起了以国家标准、行业标准、无公害标准为主体，地方标准、企业标准相衔接相配套的比较健全的水产标准体系。截至 2003 年 6 月，共有现行水产国家标准 52 项，行业标准 456 项，约占农业部现行国家、行业标准总数的30%。截至 2007 年 7 月，无公害食品行业标准中涉渔标准数量达到 78项，其中渔用药物使用准则、渔用配合饲料安全限量、养殖用水水质等通用标准 14 项，养殖技术规范 29 项，产品标准 35 项。

自 1991 年分别成立了第一届全国水产、渔船标准化技术委员会以来，建立并完善了标准化工作体系框架，规范了标准化工作程序和规章制度，使标准的计划编制、申报、制定、审查、报批和协调管理工作严格、规范、有序，较好地保证了标准的制修定质量和标准化工作的开展。目前已经形成了一支既懂专业技术又熟悉水产标准化的标准化工作人才队伍。

（3）检验检测和环境监测体系

质量监督、检测是水产养殖质量安全管理的手段。对环境、投入品、生产技术、水产品等进行全过程质量控制，已成为质量管理工作的主要措施和手段，建设和健全渔业质量监督检测体系，是渔业质量安全监管体系的重要组成部分和主要内容。在农业部的部署下，水产行业从 20 世纪 80 年代建成国家水产品质检中心、国家渔业机械仪器质检中心以来，先后已有 3 个国家级质检中心、12 个部级渔业质检中心、4 个省级渔业质检中心、8 个部级渔业生态环境监测中心（站）相继建成，加入全国渔业生态环境监测网的省（市）级站有 24 个，另外还有 20 多个部、省级质检中心在建，已经形成覆盖全国、布局合理、专业齐全、功能健全、运行管理规范的多级配套渔业质检和环境监测体系，可以全面开展产品质量和生态环境的监督检测工作。

渔业生态环境监测工作是渔业环境保护的基础。全国渔业生态环境监测网成立于 1985 年，在黄海、渤海、东海、南海等主要海区和黑龙江、长江、珠江流域已建立各级渔业环境监测站 32 个，其中农业部渔业生态环境监测中心及海区和流域监测中心 8 个，省（市）级监测站（中心）24 个，初步形成了以农业部渔业生态环境监测中心为枢纽的全国渔业生态环境监测网络。渔业环境监测（中心）站分三级管理，农业部渔业生态环境监测中心为一级站，其常设机构设在中国水产科学研究院；各海区和重要内陆流域设二级渔业环境监测中心，目前主要有黄海、渤海区渔业环境监测中心、东海区渔业环境监测中心、南海区渔业环境监测中心、长江中上游渔业环境监测中心、长江下游渔业环境监测中心、珠江流域渔业环境监测中心和黑龙江流域渔业环境监测中心，分别设在中国水产科学研究院下属的各海区和流域的水产研究所；各省市地方级渔业环境监测站为三级站，大多设在各省（市、自治区）的水产研究所。目前从事渔业生态环境监测的专业技术人员 200 余人，其中高级职称 60 余人、中初级职称 100 余人。

（4）认证体系

质量认证是质量管理和质量保证的重要手段。渔业行政主管部门近几年不断重视水产品认证体系建设，以期通过水产品认证工作提高生产者的质量安全意识，加强水产养殖和水产品加工的质量安全水平。另外，水产品质量认证还具有信息披露的作用。第三方认证机构和审核员，根据认证审核依据进行认证审核，并做出审核通过、审核不通过、需要实地考查等审核结论。假如认证审核通过，就可以将认证产品的质量安全信息以认证证书和标识标志形式展现出来，从而使得水产品的内在品质信息外部化，一定程度上解决信息不对称问题。

自 1990 年始，为了与国际市场认证工作相接轨，农业部经国务院批准，成立了中国绿色食品发展中心，并在全国范围宣传、推动绿色食品认证工作。2002 年农业部成立了中绿华夏有机食品认证中心，开展有机食品的认证工作。2003 年农业部正式设立了农产品质量安全中心，具体负责无公害农产品认证工作。针对出口水产品加工企业，我国还强制实行 HACCP 认证，具体认证审批和认证监管工作由我国国家质量监督检验检疫部门负责。至此，我国水产行业已经形成了无公害、绿色食品、有机食品三位一体的初级渔业产品质量安全认证（表 3-3）以及 ISO 9000、ISO 14000 和 HACCP 三种体系认证构成的水产行业认证体系。另外，还有两种认证类别在国内刚开始启动，即中国良好水产养殖规范（ChinaGAP）认证和美国水产养殖认证委员会（ACC）推行的 BAP 认证。

表 3-3　无公害农产品、绿色食品和有机食品认证比较

| 项目 | 无公害农产品 | 绿色食品 | 有机食品 |
|---|---|---|---|
| 目标定位 | 规范农业生产，保障基本安全，满足大众消费 | 提高生产水平，满足更高需求，增强市场竞争力 | 保持良好生态环境，人与自然和谐共生 |
| 产品质量水平 | 代表中国普通农产品质量水平，依据标准等同于国内普通食品标准 | 达到发达国家普通食品质量水平，其标准参照国外先进标准制定，通常高于国内同类标准的水平 | 达到生产国或销售国普通农产品质量水平，强调生产过程对自然生态友好，不以检测指标高低衡量 |
| 生产方式 | 科学应用现代常规农业技术，从选择环境质量良好的农田入手，通过在生产过程中执行国家有关农业标准和规定，合理使用农业投入品，建立农业标准化生产、管理体系 | 将优良传统农业技术与现代常规农业技术结合，从选择、改善农业生态环境入手，通过在生产、加工过程中执行特定的操作规程，减少投入品的使用，并实施"从土地到餐桌"全程质量监控 | 采用有机农业生产方式，即在认证机构监督下，建立一种完全不用或基本不用人工合成的化肥、农药、生产调节剂和饲料添加剂的农业生产技术和质量管理体系 |

（续表）

| 项目 | 无公害农产品 | 绿色食品 | 有机食品 |
|---|---|---|---|
| 认证方法 | 依据标准，强调"从土地到餐桌"的全过程质量控制，检查检测并重，注重产品质量 | 依据标准，强调"从土地到餐桌"的全过程质量控制，检查检测并重，注重产品质量 | 实行检查员制度，国外通常只进行检查，国内一般以检查为主，检测为辅，注重生产方式 |
| 运行方式 | 行政性运作，公益性认证，认证标志、程序、产品目录等由政府统一发布，产地认定与产品认证相结合 | 政府推动、市场运作，质量认证与商标转让相结合 | 社会化的经营性认证行为，因地制宜，市场运作 |
| 法规制度 | 农业部与国家质检总局联合令第12号《无公害农产品管理办法》、农业部与国家认监委联合公告第231号《无公害农产品标志管理办法》、农业部与国家认监委联合公告第264号《无公害农产品认证程序》和《无公害农产品产地认定程序》 | 遵循农业部"绿色食品标志管理办法"、《中华人民共和国商标法》和《中华人民共和国产品质量法》等有关证明商标注册的管理条文 | 按照欧盟2092/91条例、美国联邦"有机产品生产法"、日本农林产品品质规范（JAS法）等有关国家或地区的有机农产品法规以及我国的《有机产品认证管理办法》 |
| 采用标准 | 采用相关国家标准和农业行业标准，其中产品标准、环境标准和生产资料使用准则为强制性标准，生产操作规程为推荐性标准 | 采用农业行业标准，为推荐性标准 | 采用国际有机农业运动联盟（IFOAM）的基本标准为代表的民间组织标准与各国政府推荐性标准并存 |

**（5）技术推广体系**

全国水产技术推广总站是农业部所属的水产技术推广机构，主要负责水产先进适用技术的普及推广、技术培训和指导，多次承担了"丰收计划"、"948"项目等国家重大技术推广项目。近年来，在指导地方水产技术推广工作和体系建设的同时，成立了全国水产引育种中心、全国病害防治中心，积极开展了苗种管理、养殖病害测报、检疫员培训等工作。到 2006 年底，全国共建有国家、省、地、县和乡镇五级水产技术推广机构近 2 万个，从事水产技术推广工作的人员近 5 万人，而且省级推广部门基本上都建立了病害防治中心，部分省市已开展了水生动物检疫工作，形成了适应我国渔业生产发展的水产技术推广服务网络。其中，养殖病害测报信息来自全国水产技术推广机构、科研单位的 3 600 多个测报点，监测对象为 70 个海淡水养殖品种的 100 余种病害，每月编制《全国水产养殖动植物病情月报》。

目前，水产技术推广体系已经在养殖技术操作规范、良种繁育、用药指导、病害防治、技术培训等方面开展技术服务。具体工作为：①各级水产技术推广机构不断加强自身技术能力建设和队伍培养，努力开展投入品的质量检测、养殖水产品药物残留检测、养殖水质监测等工作。②加强对水产苗种场的技术指导和苗种质量检测、检疫，为养殖者提供健康优质的水产苗种。③指导养殖生产者规范水产养殖生产日志，建立和完善水产品质量可追溯制度。④做好水产养殖病害常规监测和重大疫病的重点监测工作，建立重大疫情的快速反应机制，提高对重大水生动物病害的预防控制能力和对突发疫情的快速反应能力。⑤继续在各省区开展国家标准渔药科技下乡活动。⑥协助渔业主管部门开展好执业渔医和渔药处方制度的试点工作。

**（6）渔业执法体系**

依照《中华人民共和国渔业法》、《中华人民共和国农产品质量安全法》、《中华人民共和国海洋环境保护法》、《兽药管理条例》、《饲料和饲料添加剂管理条例》等法律赋予的权力，渔业行政主管部门加强了渔业执法队伍正规化建设，运用以往行之有效的监管手段，加大了执法力度。按照农业部统一部署，各地渔业行政主管部门开始全面推行养殖证和捕捞证等制度，以保证渔民合法权益为主线，逐步规范渔业生产秩序，继续加强水生动物防疫、水产苗种生产许可管理、水产捕捞管理等工作，逐步探索开展渔药和渔用饲料管理工作，促进渔业管理全面走上法制轨道。

2002年起，我国渔政执法部门就重点开展了产地环境检测、投入品抽检、渔业产品质量安全抽查等工作，根据渔业法律法规以及渔业管理部门发布的禁用、限用的化肥、水质改良剂、渔药、饲料及其添加剂等渔业投入品名录，加强对渔船渔港的监督管理，加大对违禁和违限使用渔业投入品的监督检测和执法打击力度。对于各种渔业违法违规事件，一经查出，决不姑息，依法处理。

### （7）市场信息体系

目前，我国的市场信息体系基本还是一片空白。在今后一段时间内，渔业行政主管部门应联合质检部门、工商部门、卫生部门等相关部门把渔业产品质量安全市场信息平台建设起来，及时向社会各阶层，包括水产品生产者、加工厂、经营者和消费者，提供和发布水产品来源、产品品牌、养殖过程、投入品使用、病害情况、捕捞水域、水质检测结果、产品检测结果、生产操作标准、市场价格、供求动态等相关信息。同时，还可以在此平台上发布渔业质量安全相关法律法规、国内外水产标准、病害防治新技术、水产加工新技术、渔业产品质量安全例行检测结果、水产市场质量监管抽查结果、渔业产品质量安全新闻等各种有关信息。

渔业产品质量安全市场信息体系，应该至少具有以下几个功能：①提高社会公众的渔业产品质量安全意识，提升水产品消费者的质量安全认知能力和判断能力，形成对渔业产品质量安全的社会监督氛围；②将内部化信息外部化，缩小市场利益主体之间的信息不对称，尽量减少市场主体间的契约成本和其他隐性成本；③确保水产品的可追溯性，当出现水产品食用安全问题或者出口检验受限时，将问题产品追溯回到特定加工厂、养殖场、育苗场，甚至尽可能实现将问题产品追溯回到特定池塘、特定批次；④营造良好的优质优价机制，规避"逆向选择"现象，提高违法水产品生产经营户的法律风险和机会成本；⑤实现各政府部门之间的信息共享，强化政府在渔业产品质量安全监管环节的监管效率，加快不同政府部门对食品安全事件的应急管理。

## 3.3 不同环节渔业产品质量安全问题

### 3.3.1 水产养殖过程中

我国水产养殖历史悠久，养殖品种种类繁多，养殖模式也丰富多变。不管采取哪一种养殖模式，养殖哪一种养殖品种，虽然其养殖环节可能有所不同，但是养殖过程中影响渔业产品质量安全的影响因素基本相同。下面就以我国最普遍的"池塘养殖模式"为例按各养殖环节分析可能影响渔业产品质量安全的问题。

（1）与场址选择有关

养殖场址选择不科学时，例如靠近工农业污染区或者居民生活区，底泥土壤中会发生重金属富集和农药残留，而且引进附近的水源时，水中也可能会存在重金属、生物毒素等化学性污染以及致病微生物。这些都是在不良场址建场进行养殖时存在的潜在危害。

污染水源中还极易存在对养殖水产品造成治病或者致死危害的寄生虫、致病菌或者病毒，例如固着类纤毛虫、副溶血弧菌以及各种水产病毒。很多病害一旦感染养殖水产品，极有可能暴发大规模的病害，从而导致养殖水产品的大面积死亡。

（2）与养殖设施有关

养殖场的增氧机、水泵等机械设施容易出现漏油的情况，从而导致养殖池塘的油污污染，进而产生化学性危害影响养殖水产品的存活和生长。这是与养殖设施直接有关的潜在危害。

养殖池塘的进排水渠道和过滤装置的不合理设置，废水未经处理直接排放等都将会引起微生物交叉污染以及外来生物入侵等潜在缺陷的发生。

（3）与清污整池、消毒除害有关

经过清污整池、消毒除害的养殖池极易残留消毒药物，非常容易造成化学性危害。而清污整池、消毒除害不彻底时，池底中淤积的有机质也将导致化学性危害，杂鱼及其卵、杂虾及其卵、螺等非养殖水生动物又容易使得养殖池中大量繁殖对人体有危害的微生物病原体。

清污整池、消毒除害不彻底时，非养殖水生动物幼体及卵子和致养殖水产品发病的微生物病原体等也将是水产养殖的主要潜在缺陷。

（4）与养殖用水有关

养殖过程中，当进水和水处理控制存在漏洞时，沙门氏菌、致泻大肠埃希氏菌和副溶血性弧菌等的微生物病原体容易随水体或者宿主进入养殖环境，从而将对人类健康形成潜在的危害。

另外，水处理不到位时，非养殖水生动物幼体及卵子和致养殖水产品发病的微生物病原体等也将随水源进入养殖池并大量繁殖蔓延，进而影响养殖水产品的健康生长，成为水产养殖成功与否的主要潜在缺陷。

（5）与营造良好养殖生态有关

如若不科学、有效地营造良好地养殖生态环境，养殖池中容易滋生寄生虫和细菌等病原体，甚至导致水体中重金属含量超标，水质不符合养殖用水标准。寄生虫和细菌等病原体以及重金属等也因而成为了该环节的潜在危害。

另外，如若不科学、有效地营造良好的养殖生态环境，也可能会致使养殖池中缺少足够的优良单细胞藻类，如绿藻和硅藻，繁殖不足，从而影响养殖水产品的快速生长。因此优良单细胞藻类繁殖不足也成为了水产养殖的潜在缺陷了。

（6）与苗种与放养有关

苗种的质量和健康是水产养殖中的重要一环，将直接影响到水产养殖的成功与否，其主要潜在危害是苗种带有的药物残留，如磺胺类、硝基呋喃类和氯霉素等。

苗种携带的特异性病毒、致病菌和致病寄生虫，或者苗种健康程度低下，水源中残留的药物等等则将是严重影响养殖水产品健康、快速生长的主要潜在缺陷。

（7）与饲料的采购及使用有关

渔业投入品生产企业为了追求高的利润，生产假冒伪劣的肥料、饲料、饲料添加剂，不但未能使养殖水产品得到健康的生长，而且造成养殖水产品大量死亡或各种有毒有害物质严重超标。而养殖场为了追求水产品的产量，在养殖过程中，过量或不适当地使用肥料、饲料、饲料添加剂等，造成水产品的药残超标和出现一些有毒有害物质的问题。

不合格饲料的购买和使用导致的养殖水产品重金属超标和药物残留将会严重危害人类健康，从而成为该环节的潜在危害。而变质饲料、营养不全的饲料的购买和使用则会导致养殖水产品发生营养性疾病，进而影响养殖水产品的健康生长，成为该环节的潜在缺陷。

（8）与养殖生态调控有关

与前几个养殖环节的危害相似，假如养殖过程期间，缺少对养殖生态的监控和调节，容易出现水体和虾体中包括重金属和药残在内的化学物质超标问题，也将成为影响人类食品健康的影响因素之一。因此可将化学物质作为本环节的潜在危害。

假如对养殖生态失去监控、监控不到位以及缺少生态调控，容易致使水体中微生物病原体滋生，或者水体中有机物淤积，发生富营养化。因此可将这些可能出现的负面情况作为本环节的潜在缺陷。

（9）与养殖用水管理有关

养殖用水管理指对进水、蓄水、换水、排水等的处理。对养殖水质构成危害的主要因素是：①不按标准排放污水；②渔业投入品（如肥料、饲料、饲料添加剂和渔药）；③养殖过程自身污染；④海上突发事故（如赤潮或石油泄露）。该环节中的可能存在的潜在危害主要是：化学物质、重金属和微生物病原体，而不存在潜在缺陷。

**（10）与渔药的管理有关**

在本环节，假如对渔药的选择、购买、存贮和使用缺少监管和控制，或者不遵守休药期的规定，渔药极易发生化学污染以及渔药残留，从而严重危害人类食用安全。因此化学污染和渔药残留也成了本环节的主要潜在危害。

不合格药物的使用，诸如大剂量漂白精等刺激性消毒剂的使用，造成养殖水产品应激反应，或者杀灭池中有益单胞藻和有益菌群，导致养殖池水质突变。因此养殖水产品应激反应和水质突变也就成为了本环节的主要潜在缺陷。

**（11）与收获和运输有关**

养殖养殖水产品在捕捞和运输时，主要受到来自微生物、化学物质方面的污染，可通过卫生标准操作规程 (SSOP) 加以控制，不存在显著的危害。

但是，可能会因为捕捞器具的不合理使用，未选择合适的捕捞时间，捕捞持续时间过长等原因，导致机械损伤、或者由于活虾受惊，温度、盐度、溶解氧的剧变，冰的刺激等造成肌体/生化方面的改变。这些可能发生的情况就是在本环节中主要的潜在缺陷。

### 3.3.2　水产加工过程中

对于水产加工品来说，不同产品其加工过程往往存在很大差异，比如：对于冷冻对虾，在去头、去壳、洗净之后直接分级、低温冷冻、包装即可；对于面包虾，则在去头、去壳、洗净之后还得经过分级、高温灭菌、裹粉、裹面包屑、油炸、冷却、称重、包装、冷冻等流程。因此，在分析水产品加工过程中影响渔业产品质量安全的因素时，不适宜按加工流程进行讨论，而适合根据不同危害来源和危害种类进行分析。

**（1）化学性危害**

1）渔药：目前大部分水产品加工原料来自于水产养殖产品，养殖过程中为了防治水产病害通常会使用某些渔药或者在饲料中添加一些药物性添加剂，如果渔药和药物性添加剂的使用没有严格遵照法律法规以及养殖标准或者使用后没有遵守休药期的规定，水产品加工原料极易发生药物残留超标现象。2002 年 1 月 25 日欧盟就曾做出禁止进口我国动物源性食品的决定，该事件的主要起因是 2001 年 4 月，德国雷斯蒂克（RISTIC）公司查出我国浙江省舟山地区出口的中国对虾氯霉素残留不符合欧盟标准。

2）激素类促生长剂：在水产养殖过程中，为促进养殖水产品生长速度，某些养殖户会违规使用激素类促生长剂，例如喹乙醇、己烯雌酚、甲基睾酮和丙酸睾酮等。过去罗非鱼刚开始大规模育苗并推广养殖时，由于雄性罗非鱼生长速度远远快过雌性罗非鱼，很多育苗场为了提高雄性出苗率，在培苗过程中存在使用甲基睾酮等雄性激素提高鱼苗的雄性机会，等鱼苗长成商品规格之后，激素残留仍然会对人体健康造成很大影响。

3）农药：普遍使用的农药品种不断增多，使用浓度也在不断提高。虽然 1983 年我国就明文禁止使用"六六六"和 DDT，但是由于降解慢，半衰期长，仍然存在对环境污染的影响，水生动植物很容易通过食物链在体内富集，个别水产品检测中还能发现存在超标情况。2007 年 5 月 17日美国《Sustainable Food News》评论说，中国出口的牡蛎等海产品中有机氯杀虫剂（如 DDT）含量水平足够对人体健康造成危害。

4）化学消毒剂：在水产养殖中常用的化学消毒剂主要有含氯制剂（如漂白粉、漂白精）、氧化剂（如高锰酸钾）、醛类（如甲醛）、碱类（如生石灰）、金属盐类（如硫酸铜）、农药类（如敌百虫）和染料类（如孔雀石绿）。由于化学消毒剂在养殖场的滥用，现在细菌对消毒剂逐渐产生了耐药性，进而恶性循环，使用浓度也在快速升高，使得消毒剂残留越来越多，对人体的危害也逐步增大。

5）麻醉剂：在水产品市场流通领域，如何提高活鱼运输存活率一直是个难点和热点问题。目前为止，在没有更加合适的替代办法的情况下，渔用麻醉剂仍是提高活鱼运输存活率的最佳方法。常用的渔用麻醉产品多达 10 多种，其中应用最为普遍的是间氨基苯甲酸乙酯甲烷磺酸盐（MS-222），MS-222 是美国 FDA 确认可以食用于水产品麻醉的唯一一种麻醉剂。

6）重金属：重金属的污染主要来自于"三废"污染，大部分源自冶金、冶铁、电镀和化学工业排污，另外，肥料也是重金属的一大污染源。污染水体的流动性，导致污染物质到处蔓延并被水体中生物吸附富集。水生动物由于食物链的原因，体内会富集铅、镉、汞、铜、砷、硒及其有关化合物，从而危害食用人类的脏器、神经等身体器官。虽然水体中微生物可以降解有机污染物，但是对于重金属污染却无能为力。

（2）**生物性危害**

1）微生物：大肠杆菌、大肠埃希氏菌、副溶血性弧菌、沙门氏菌、金黄色葡萄球菌等细菌以及各种水产病毒等病原微生物，均能感染各种水产品，某些水产品还是个别威胁人类健康的微生物的中间宿主。根据 2006 年 11 月宁波市质监局对水产加工品质量抽查结果显示，共抽查涉及 50 家企业的 55 批次产品，其中有 2 家企业各 1 个批次脱脂黄鱼菌落总数超标（中国食品产业网，2006 年 12 月 30 日）。2006 年 9 月对西安市 10 多家超市和水产市场的 29 种水产品的质量安全指标进行抽查显示，速食海带细菌超标比较严重（南方渔网，2007 年 11 月 25 日）。

2）寄生虫：水产品中常见并能危害到人体健康的寄生虫主要有华枝睾吸虫、并殖吸虫、裂头蚴、管圆线虫、异尖线虫等，含有这类寄生虫幼虫的水产品在未经煮熟就被食用的话，将会严重危害人体器官（如脑、肝脏、肾脏、泌尿系统、肌肉组织等）的正常功能。2006 年北京暴发的 160 人食用福寿螺致病事件，就是因为患者生食感染了管圆线虫的福寿螺。

（3）**水产天然毒素**

多种河豚的内部器官含有一种能致人死命的神经性毒素，通常被称为河豚毒素。有人测定过河豚毒素的毒性，其毒性相当于剧毒药品氰化钠的 1 250 倍，只需要 0.48 mg 就能致人死命。河豚鱼中毒以神经系统症状为主。潜伏期很短，短至 10 ~ 30 min，长至 3 ~ 6 h 发病。发病急，来势凶猛。开始时手指、口唇、舌尖发麻或刺痛，然后恶心、呕吐、腹痛、腹泻、四肢麻木无力、身体摇摆、走路困难，严重者全身麻痹瘫痪、有语言障碍、呼吸困难、血压下降、昏迷，中毒严重者最后死于呼吸衰竭。有报告显示，日本人河豚中毒死亡率为 61.5%。

贝类毒素是目前已知最毒的有机化合物，主要分为 4 种，包括"麻痹性贝类毒素"、"失忆性贝类毒素"、"腹泻性贝类毒素"和"神经性贝类毒素"，前两者可致呼吸困难死亡。20 世纪 90 年代，我国贝类产品就曾因贝毒问题，被禁止进入欧盟市场。2004 年东海暴发赤潮后，消费者误食了含有麻痹性毒素的贝类，5 ~ 30 min 内，轻者出现嘴唇、舌头周围刺痛的感觉，在中度和严重的情况下，会影响到手臂、腿和颈部，最严重的会导致呼吸麻痹，致人死亡。

**（4）水产品加工污染**

1）硝酸盐和亚硝酸盐：硝酸盐和亚硝酸盐通常因具有抗菌作用而被用作防腐剂，而且硝酸盐还能在一定程度上提升水产品的口感、风味。但硝酸盐被细菌还原为亚硝酸盐时，就会产生致畸、致癌的亚硝基化合物。假如食用硝酸盐或者亚硝酸盐含量较高的水产品或者将工业用亚硝酸盐误作食盐食用，亚硝酸盐能使血液中正常携氧的低铁血红蛋白氧化成高铁血红蛋白，因而失去携氧能力而引起组织缺氧。

2）3,4- 苯并（a）芘（BaP）：在水产加工过程中，BaP 主要产生于水产品烘烤、烟熏和油炸等过程的烟气之中，另外，加工机械用的润滑油中也含有苯并 (a) 芘，假如润滑油滴入水产加工品就会导致食品中 BaP 污染。BaP 是一种强致癌物质和诱变剂，致癌作用在动物实验中已被证实，不慎食入后它可诱发动物的胃癌和消化道癌，如经空气吸入也可诱发胃癌。冰岛是世界上三大胃癌高发区之一，经调查认为与常吃烟熏羊肉有关，在烟熏羊肉中含有极高的 BaP，含量可高达 34 ~ 99 μg/kg。

### 3.3.3 水产品经营过程中

我国水产品经营户普遍规模小而乱，为了降低成本、增加效益，在采购水产品时，通常忽略产品本身质量安全的重要性，仅以进价高低和产品外观状况作为采购与否的唯一决定要素。在收购、运输和储藏过程中。不法经营户为了保证存活率以及吸引消费者眼光，还可能故意使用一些保鲜剂、防腐剂、上色剂等化学物质，提高水产品活性，增加产品外观美观度，以产品鲜活程度、外观、色泽等感觉指标吸引消费者购买消费。

（1）低价采购，忽略产品质量安全

由于水产品生产者与经营户之间存在信息不对称，经营户需要投入巨大的人力、物力、财力方可获取水产品的质量安全信息，而且对于经营户来说，时间就是金钱，追求水产品的质量安全信息的时间成本也非常高昂，有时商机转瞬即逝。即使水产品经营户花费了巨大的成本，获取了渔业产品质量安全信息，以相对昂贵的价格采购了优质安全的水产品，但是当前普通的市场销售根本无法保证水产品的优质优价，而且极有可能遭遇"逆向选择"现象，被挤出水产销售市场。

另外，当前消费者提请法律诉讼的成本非常昂贵，水产品市场上水产品经营户的法律风险非常低，消费者一般不会因为购买到不安全的水产品而去提请法律诉讼，经营户经营低质水产品被诉讼的几率极低，对他们说来销售低进价的水产品比优质水产品更能获得巨大的收益和效用。所以，水产品经营户为了节省成本，获取更高收益，在无法保证优质优价、低法律风险和低被诉讼几率的情况下，愿意采购低进价水产品，而不管渔业产品质量安全的重要性。

（2）违法经营行为

由于水产品经营户与消费者之间存在明显的信息不对称，而且很难简单通过提高消费者的质量安全认知能力就能解决这种信息不对称。鉴于水产品的"经验品"和"信任品"特性，消费者无法通过肉眼判断水产品的质量安全水平，只有借助仪器设备的检测方可证明水产品是否符合食用安全要求。但是，现实情况下，消费者不可能携带检测设备去购买水产品，只有通过加贴质量安全认证标签的手段，以帮助消费者识别优质安全水产品。

在低法律风险和低违法成本的情况下，为了保证水产品在收购、运输和储藏过程的存活率和鲜活度，不法经营户还会选择采取机会主义行为滥用各种保鲜剂、防腐剂和上色剂，违法使用不合格包装物，甚至不惜销售假冒伪劣、变质产品来获取更高的额外效用和收益。更有甚者，某些经营户还在采购的普通或者劣质水产品上私自、违法加贴无公害农产品、绿色食品、有机食品等认证标识进行高价销售。

## 3.4　渔业产品质量安全问题造成危害的特点

**（1）危害的直接性**

水产品危害，普遍具有直接性的特点。此处所说的直接性是指，当水产品存在危害时，一旦被人类食用，就会直接影响消费者的健康，甚至生命安全。

**（2）危害的隐蔽性**

各种水产品危害，大多具有隐蔽性，通常通过感官无法识别，除非利用先进的检测设备和检测技术方能检验得知。

**（3）危害的累积性**

不合格、不安全的水产品一旦被食用后，其对人体造成的危害往往具有累积性，在人体内不断淤积，直到其影响超过人体正常承受范围，破坏体内正常健康环境，致使消费者发生疾病，甚至导致中毒身亡。

**（4）危害的突变性**

水产品具有一些异于其他产品的危害特点，即突变性。比如，某些特殊危害可能自发突然出现在某些特定环节或者特点产品之中，也可能自动消失在某些环节。

（5）危害产生的多环节性

影响渔业产品质量安全水平的危害有可能来自水产品生产的各个环节，养殖的底质和水质、禁用投入品的使用、苗种质量状况、养殖技术、日常管理、收获、运输、加工、贮存等环节都有可能产生这种或那种的危害。

（6）管理的复杂性

我国幅员辽阔，水产品品种繁多，渔业基础差异较大，发展程度参差不齐，不同水产品的危害也存在较大差异，而且质量安全问题来源广，从水域到餐桌各环节均有可能出现问题，因此，质量安全管理难度非常大，涉及的管理体制和监管体系也是繁杂无比。

## 3.5　渔业产品质量安全存在问题的主要原因

（1）行业管理薄弱，存在"政府失灵"

提高渔业产品质量安全水平离不开政府的监管和干预，但政府监管的效果总与理想化存在较大差距，其主要原因在于制定和实施渔业产品质量安全管理政策的官员，容易出现经济学"寻租"行为，他们的行为极有可能出于追求个人短期政绩的考虑，因此也就出现了"政府失灵"的问题。另外，渔业产品质量安全问题涉及的管理部门繁多，存在着职能交叉和"职能真空"，某些职能各部门抢着干，某些职能各部门相互推诿。而且，很多行政机构的工作程序仍显得繁琐且僵化，甚至还存在着"官本位"思想，种种原因也导致了渔业产品质量安全管理体制不顺，存在管理漏洞和弊端，致使行业监督管理效果不佳。

（2）渔业产品质量安全管理存在市场失灵

目前导致渔业产品质量安全管理存在市场失灵主要由于以下三种原因：①公共物品属性；②认知程度和信息不对称；③外部性属性。水产品是人们的日常生活必需品，此特点决定了渔业产品质量安全管理的公共物品属性的基本特征，即效用的不可分割性、消费的非竞争性和收益的非排他性。一般说来，生产者和销售者对渔业产品质量安全的认识水平往往要比普通消费者高出很多。信息的不对称极有可能会导致产生"柠檬市场"。也就是说，在信息不对称条件下，优质、安全的水产品并不能通过市场自发调整供给，优质水产品被劣质水产品挤出市场。经济学所指的外部性通常是指某些个人或厂商的经济行为影响了其他个人或厂商，却没有为之承担应有的成本费用或没有获得应有的益处。加强渔业产品质量安全管理，除了可以让广大消费者获取直接的收益外，还能使社会成员获得其他众多的额外收益。

**（3）质量安全管理体系不健全**

虽说渔业产品质量安全七大体系建设已具雏形，但是距离体系完善还有一定距离。比如说，政府早已出台了《中华人民共和国农产品质量安全法》，但是目前还是没有推出一系列具有更高操作性的配套法规。水产标准的制修订也跟不上渔业行业发展需求。检验检测机构的数量还不够多，而且大部分机构的硬件和软件条件都不够好。虽然水产品认证发展速度很快，但是毕竟起步较晚，在认证监督和加贴标签等方面仍存难点。我国渔业行政机构与执法队伍往往同属一个机构，一个追求高产量高产值，一个追求严格执法，相互之间存在不可调和的先天性职能冲突。缺少水产品市场信息收集、发布、更新渠道，没能起到减少市场利益主体之间信息不对称的作用。

**（4）利益主体质量安全意识比较淡薄，市场竞争不够规范**

重发展，轻质量；重规模，轻管理，致使我国渔业产品质量安全水平相对较低。据不完全统计，目前全国水产品加工企业约有6 000家，水产养殖户和经营户的数量更是不计其数。普遍说来，大多数水产企业质量安全意识淡薄，质量管理水平低下，产品质量也参差不齐。一方面因为法律风险低，机会主义行为收益过高。水产市场几乎没有质量安全门槛，机会主义行为的额外收益和额外效用非常高。另一方面因为缺乏良好的优质优价市场机制，一大批生产条件恶劣、管理水平低、产品质量差的生产经营者仍有广大的生存空间，有的甚至效益惊人，这同时也给那些生产条件良好、质量安全意识高、产品质量好的生产经营者造成了极其不公平的竞争环境。

（5）**组织化程度低，缺乏质量安全管理专业人才**

目前我国水产品生产经营者数量庞大，但是绝大部分规模小、集约化程度低，缺少公司化、制度化经营管理体制，组织化程度非常低，这在很大程度上制约着渔业产品质量安全的提高。我国极其缺乏熟悉水产品标准化与质量安全管理的专业人才，对外交流和情报收集能力比较差，不能及时了解、掌握和更新国内外先进的渔业产品质量安全管理要求。在当前全球经济日益一体化的发展趋势下，迫切需要政府部门了解和掌握各主要水产贸易国的质量安全管理机制、管理体系和法律法规，迫切需要引进、消化和吸收先进的质量安全管理经验以及监控、检测技术，跟踪了解水产进口国的渔业产品质量安全要求。

（6）**渔业环境污染严重**

随着我国工农业生产的高速发展，水域污染问题日益突出，严重制约着渔业可持续发展。来自陆地的工厂排污、生活垃圾排放、农业用药以及海上船舶排污与海损事故等造成的污染，导致沿海、河道、河口均已不同程度变成了"垃圾场"、"纳污池"。污染水域底质变劣，水体环境质量恶化，赤潮发生频率和规模不断扩大，传统的渔业产卵场、索饵场、育肥场生态环境不断遭到严重破坏，生物资源数量减少、种类减少，天然生物资源又由于其自然特性得不到有效补充。养殖生产者缺乏必要的资源持续利用观念，致使区域养殖生态系统遭到局部损害甚至完全破坏。

（7）**人均科研经费少，科研支撑力度不足**

科研工作是渔业产品质量安全管理的重要支撑。虽说，近几年我国的水产科研队伍逐渐壮大，水产科研条件也不断好转，但是总体说来，水产行业人均科研经费仍然较低，很多科研机构连生存都是难题，部分科研机构为了摆脱生存困境，在从事科研的同时还从事水产投入品经营来补充机构的正常支出。在国际上越来越重视渔业产品质量安全的大环境下，我国渔业新产品、新技术的研究跟不上渔业产品质量安全对科研支撑的要求，科研和应用之间存在较大的脱节现象。而且，在当前的科研机制下，缺少对科研人员的激励机制，科研人员通常缺乏成果转化的积极性，科研成果实际应用于行业之中的比例偏低，科研对质量安全水平的贡献度远没有体现出来。

**（8）渔业投入品的管理和使用比较混乱**

虽然渔业投入品的政府监管均有明文规定，但是实际上各政府部门对水产品投入品的生产、采购、销售和使用等的监管存在较大缺失。有的部门是因为人力不足，有的部门是因为缺少水产专业人才，有的部门存在"寻租"行为和采取放任的态度，原因多种多样。大部分渔业产区基本都有无证、违法生产水产饲料和渔药的情况存在，水产投入品经销商销售氯霉素、红霉素、环丙沙星等违禁渔药的现象也较普遍，有些水产市场还能买到对人体健康有害的违法保鲜剂、着色剂等加工添加剂。在不存在市场准入和不担心产品市场销路的情况下，很多企业只追求保证养活、产品鲜活、大规格，而不在于产品能否达到安全食用的质量安全要求。

**（9）水产市场监管不严**

由于国内水产品专业市场比较少，大部分水产品都是在农贸市场销售，农贸市场的产品种类五花八门，质量安全监管部门很难在销售前对各摊位各批次的水产品进行质量安全检测。对于在农贸市场销售的产品，只能一方面加强水产品原产地监控，要求产品来源于无公害产地或者洁净、无污染的海区、江、河、湖泊；另一方面加强多部门协作，壮大质量安全监管队伍，加大对水产市场上水产品的监控检测范围和频度。另外，市场监管还得重视水产品的溯源问题，以便保证问题水产品能追溯到源头，彻底避免问题水产品的上市流通。在水产品主要产销区，还可以逐步推行市场准入机制，只允许经过无公害农产品、绿色食品或有机食品认证的安全水产品才可以上市销售，再逐步推行到全国范围。

（10）质量安全信息不通畅，法律诉讼成本过高

政府部门应该建立渔业产品质量安全信息公布平台，定期和不定期地公布水产品市场质量安全监控检测结果和水产品可追溯信息，以便缩小市场利益主体之间的信息搜寻成本、缔约成本，提高消费者的质量安全认知水平，挤压问题水产品的市场空间，营造公平的水产品市场环境，避免"逆向选择"现象，增加水产品生产经营的机会主义成本。当前消费者提请法律诉讼的成本过高，诉讼周期将耗费消费者大量的人力、物力和时间，这种情况下，消费者很难为了零售购买的水产品而去诉求法律机关，所以为了增加水产品生产经营者的法律风险，还需要降低法律诉讼门槛，提高诉讼时效。

## 3.6 渔业产品质量安全问题造成的影响

### 3.6.1 食用安全

随着国民经济的高速发展，人民生活水平的不断提高，通常被看作营养食品而非必需食品的水产品的市场需求也在急速增长，不但如此，消费者对渔业产品的质量安全也越来越看重，尤其在频繁发生食用问题水产品引发各种危害人体健康的安全事件之后。但是，伴随着水产行业的快速发展，对渔业产品质量安全重视程度的不断提高，渔业产品质量安全的监管措施和保障能力都还未能跟上发展步伐，致使水产品食用安全事件也不断地出现在公众的眼中。

2006 年，北京暴发了一次因为食用凉拌福寿螺螺片而引发的感染管圆线虫病事件，此次感染事件中患病人数也达到了 160 例，所幸发现和治疗均比较及时，没有发生死亡病例，全部患者都得到了妥善治愈。由于福寿螺具有抗逆性强、食性杂、惊人的繁殖力和极快的生长速度，自20 世纪 80 年代引进后，现已在我国华南地区和东南亚国家普遍危害成灾。

从以下案例中我们就能看到管圆线虫的生活史，也可以明白各种螺类以及其他水产品均可能携带管圆线虫的幼虫，假如消费者吃了生的或未经煮熟的螺肉或者其他携带管圆线虫幼虫的水产品均可感染该病并表现出一系列的致病症状。

> **案例**
>
> ### 北京因福寿螺引发 160 例线虫病食品安全事件
>
> 新华网北京 2006 年 9 月 29 日电（记者　王思海）北京市卫生局 29 日发布的最新统计数据显示，北京市发生食用福寿螺致病事件以来，共接到临床诊断报告 160 例广州管圆线虫病患者，其中重症病例 25 例，中重症患者 53 例，无一例死亡，所有患者全部得到治愈。
>
> 北京友谊医院热带病研究所专家介绍，友谊医院收治 141 例病人，其中 25 名为重症。病人中绝大部分为神经根性损伤，较严重的病人出现了意识丧失、剧烈头痛、面部神经麻痹、轻微智力障碍等，个别病人发生了脑实质损害。由于病人脑神经系统的损伤程度不一，被杀死的虫体作为异物被人体消化吸收也需要时间，病人出院后的一段时间将处于"损伤恢复期"，身体可能会有不同程度的反应。
>
> 专家指出，广州管圆线虫的成虫寄生在鼠类的肺动脉内，雌虫产卵，孵化为第一期幼虫，幼虫到达气管时，通过鼠的吞咽动作进入消化道，随粪便排出体外。在自然界中遇到某些陆生或水生螺则侵入或被吞食进入螺体。进入螺体后逐渐蜕变为第三期幼虫并可长期存在于螺体内。人如果吃了生的或不熟的螺肉可感染该病。鱼、虾、蟹、蛙等吞食了带有第三期幼虫的螺类，幼虫可在其体内长期存在，人吃了这样的鱼、虾等也可感染该病。
>
> 北京疾病预防控制中心专家吴疆说，食源性疾病与食物的生产、运输、加工、销售、食用各个环节都相关联。"线虫病是吃出来的教训。"他提醒，人们在生吃鲜食时要注意饮食卫生。
>
> （信息来源：新华社网站，http://news.xinhuanet.com/fortune/2006-09/ 29/content_5154885.htm）

**案例**

### 上海市多宝鱼被检出含违禁药物

新华社上海2006年11月17日电（记者　俞丽虹）上海17日公布的一项抽检结果显示，上海水产品市场上销售的多宝鱼（学名：大菱鲆）药物残留超标现象严重，所抽样品全部被检出含有违禁药物，部分样品还同时检出多种违禁药物。当地监管部门已发出"严重消费预警"，提醒市民慎食多宝鱼。

据悉，上海市食品药品监督管理局从批发市场、连锁超市、宾馆饭店采集了30件冰鲜或鲜活多宝鱼，并对禁用渔药、限量渔药残留、重金属等指标进行了检测。17日公布的检测结果显示，30件多宝鱼样品全部被检出硝基呋喃类代谢物，部分样品还被检出孔雀石绿、恩诺沙星、环丙沙星、氯霉素、红霉素等多种禁用渔药残留。其中，一些样品的呋喃唑酮代谢物的最高检出值达到1 mg/kg。

专家指出，硝基呋喃类药物、氯霉素、环丙沙星等是人用药，均属于禁用渔药。尽管不会产生急性、亚急性危害，但人体长期大量摄入硝基呋喃类化合物，存在致癌的可能性。同时，鱼体内大量的抗生素药物残留，会使食用者产生耐药性，降低此类药物的临床治疗效果，对人体的潜在危害不容忽视。

多宝鱼原产于欧洲，20世纪90年代引入我国后，其人工养殖发展迅速。由于多宝鱼本身抗病能力较差、养殖技术要求较高，一些养殖者大量使用违禁药物，用来预防和治疗鱼病，导致多宝鱼体内药物残留严重超标。

（信息来源：新华社网站，http://www.sh.xinhuanet.com/2006-11/17/ content_8548298.htm）

2006年，上海市食品药品监督管理局从批发市场、连锁超市、宾馆饭店取样抽检了30份多宝鱼样品，发现30份样品全部检出硝基呋喃类代谢物，部分样品还检出环丙沙星、氯霉素、红霉素、孔雀石绿等多种禁用渔药残留。这些药物均为人用药，早已列入禁用渔药清单之中。但是，由于多宝鱼经济价值高、对养殖环境要求高、抗逆抗病性较差，部分养殖户就违规使用各种药物进行预防和治疗鱼病，致使养殖多宝鱼体内禁用药物残留严重。虽说少量食用残留超标的多宝鱼对人体健康影响不大，但是假如长期食用，就会导致人体内累积，可能最终引发癌症，同时长此以往还会使人体疾病对这些药物产生耐药性。

### 3.6.2　技术性贸易壁垒

自 1999 年以来，我国水产品出口量和出口额连续、稳定增长，进出口综合平均价格稳步提升，出口平均价格增长速度相对高于进口平均价格增长速度。2004 年我国水产品出口量达到 $242 \times 10^4$ t，出口额达到 69.7 亿美元，同比分别增长 15.32% 和 26.96%，水产品出口额继续居农产品出口首位。2005 年，出口量为 $315.3 \times 10^4$ t，出口总额达 78.88 亿美元，出口水产品中鲜活水产品和初加工水产品的出口额占出口总额的 59.00%，深加工水产品占 41.00%。2005 年水产品出口综合平均价格为 3 070 美元 /t，比 2001 年上涨了 43.26%；2005 年进口综合平均价格为 1 125 美元 /t，比 2001 年上涨了 38.89%。日本、美国、欧盟和韩国一直以来都是我国水产品出口的主要市场，不过，近年来我国加快了向东盟、俄罗斯、中东和南美等水产市场的拓展，日本、美国、欧盟和韩国占我国水产品出口额的份额已从 2001 年的 88% 降至 78.9%（见表 3-4）。

表 3-4　2005 年我国主要水产品出口市场分析

| 出口市场 | 出口量（$\times 10^4$ t） | 出口额（亿美元） | 出口额所占比重 |
| --- | --- | --- | --- |
| 日本 | 61.90 | 29.30 | 37.00% |
| 美国 | 40.00 | 12.70 | 16.00% |
| 欧盟 | 36.20 | 10.60 | 13.40% |
| 韩国 | 53.40 | 9.90 | 12.50% |
| 香港 | 14.30 | 5.30 | 6.70% |
| 东盟 | 14.80 | 3.50 | 4.40% |

资料来源：周爱军，2006。

《WTO农产品协议》签订后，只有旨在保护人类和动植物生命健康而非故设贸易壁垒和惩罚措施的绿色壁垒和技术壁垒被承认合法性，允许各成员国合理设置和使用不同的标准和检测方法，因此他们必然更多地依赖于绿色壁垒和技术壁垒，相互设置技术壁垒和绿色壁垒已成为保护国内产业发展的主要手段。绿色壁垒和技术壁垒本身就是一个先天性的不公平政策，发展中国家自然而然地处于技术性劣势。

现如今，水产品体内的微生物含量、重金属含量、药物残留量等安全指标以及卫生指标已经演变成了主要水产进口国的技术型贸易壁垒和限制水产品进口的主要手段，主要水产品进口国往往通过设置高标准的技术门槛，提高产品质量标准，以便将进口水产品挡于国门之外，对本国水产品生产行业及市场施加政策性保护。日本就曾于2006年5月29日起实施食品中农业化学品（农药、兽药及饲料添加剂等）残留的"肯定列表制度"，并执行新的残留限量标准。

可是，包括中国在内的主要水产品出口国，前几年只重视追求渔业产品数量，而忽略了渔业可持续发展以及水产品的质量安全问题。种种不利因素越来越制约水产品的出口贸易，产品出口的难度也逐年增大。因此，近几年因药物残留、重金属含量超标、微生物含量超标或者卫生原因等问题，我国出口水产品屡遭禁运或者出口受限。对我国农产品出口实行技术壁垒最多的是欧盟、美国和日本，占总数的95%以上，其中欧盟约占41%，日本约占30%，美国约占24%（中国贸易报，2007年6月27日）。

2001年9月，欧盟因氯霉素残留问题将我国出口到欧盟的冻虾产品纳入其快速预警机制；2001年1月31日，欧盟食物链与消费品管理委员会又正式通过决议，自1月25日起全面暂停从我国进口动物源性产品，从此全面禁止了从我国进口动物源性产品；2002年1月，美国食品与药物管理局在对我国出口到美国的虾类产品进行严格检测和检查的基础上，对我国的虾类产品发出预警通报，并接着宣布在动物源性产品中禁止使用氯霉素、磺胺类等11种药物，且在出口到美国的动物源性产品中不得检出这 11 种药物及其代谢物；2002 年 3 月，日本厚生省宣布对我国出口到日本的动物源性产品实行严检，并向我方通报了在从福建厦门进口的鳗鱼产品中检出大量氯霉素残留，并同时公布了 11 种药物的最大残留限量。

世界各国对我国出口的动物源性产品纷纷实行严查及禁运，给我国的水产品出口造成很大打击。根据统计数据，2001 年，我国出口到欧盟的水产品总量近 $13 \times 10^4$ t，创汇额达 6 亿多美元，因此，即使不计算欧盟禁运带来的各种间接影响，由于 2002 年欧盟对我国出口到欧盟的动物源性产品实行禁运，我国当年仅在欧盟市场上就失去了 $13 \times 10^4$ t 的出口机会，并造成全国共约 90 多家对欧盟出口水产品的企业至少 6 亿多美元的经济损失，仅浙江省在短短的几个月时间里减少创汇额约 1 亿多美元，4 万多渔民和近千家关联企业受到巨大损失，粗略估计我国整个水产业，因此而损失 8 亿多美元。

## 3.7　本章小结

1）根据政府各部门的职能分工，与渔业产品质量安全管理相关的政府管理机构涉及农业、海洋、质检、卫生、食品药品监管、发展改革、工商、环保、商务、认证认可、标准化等十几个部门，涉及部门众多。对于水产品生产供应链来说，某些管理环节存在多头管理、职能交叉的问题，而某些环节又存在管理漏洞、职能缺失的问题。

2）水产品产业链的每个环节都至少有两个以上的政府部门进行管理，最多的环节甚至涉及 8 个政府部门的管理，很多环节有着严重的多头管理问题。即使在农业部门内部，也存在职能模糊和职能交叉问题，以渔药管理为例，农业部的兽医局和渔业局之间就有明显的职能交叉。

3）我国政府部门对育苗、养殖、捕捞、加工、投入品、流通等不同产业环节均有着详细的管理制度和监管措施，但是在政策执行和落实方面，存在较大问题，很多政策、措施成了摆设，没有发挥应有的作用。中国渔业产品质量安全管理的七大体系发展参差不齐，未能发挥应有的作用。

4）养殖过程中，存在与场址选择有关的、与养殖设施有关的、与养殖用水有关的等11类质量安全影响因素；加工过程中，存在化学性危害、生物性危害、天然毒素、加工污染4大类质量安全影响因素；经营过程中，存在采购低价低质产品、机会主义违法经营两大类影响因素。

5）渔业产品质量安全存在危害直接性、危害隐蔽性、危害累计性、危害产生多环节性、管理复杂性等基本特点。

6）中国的渔业产品质量安全管理存在"市场失灵"、"政府失灵"、管理体系不健全等10大类主要问题，这些问题对食用安全和出口贸易壁垒产生了重大影响。

# 第4章 渔业产品质量安全的生产者行为分析

为确保生产者生产、供应优质安全的水产品，必须从生产源头开始防控质量安全问题。在生产者无法掌控外来污染和外部环境的情况下，生产者自身行为就成为生产者可以自主调控渔业产品质量安全水平的唯一关键因素。由于渔业产品生产涉及养殖、加工、捕捞等多个环节，本书以养殖环节为例对渔业产品质量安全的生产者行为展开深入分析。按组织形式差异，养殖者一般可分类为水产企业和渔民，因此本章分别针对水产企业和渔民进行行为分析。

## 4.1 水产企业安全生产行为分析

### 4.1.1 生产者行为影响因素分析的理论框架

水产市场是一个不完全竞争、信息严重不对称、不确定因素繁多的市场，水产企业生产者在这种市场条件下，无法按照均衡市场行为决策进行生产安排，各个水产企业的行为选择也千差万别，其中充斥着众多的机会主义行为，各个水产企业都有可能因为自身行为给渔业产品质量安全造成不同程度的影响。

从图 4-1 可以看出，水产企业安全生产行为的主要影响因素可以分为三类，即：外部环境、内部环境及质量管理相关要素，而每一类影响因素又包括了很多种影响因素，图中所列出的仅为主要和通用因素。根据企业特性和生产特点，其影响因素也存在差别。下面具体说明水产企业安全生产行为的主要影响因素。

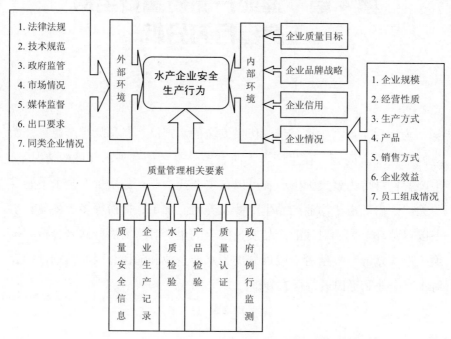

图 4-1　水产企业安全生产行为的理论分析框架

**（1）内部环境**

1）企业质量目标、品牌战略和企业信用。企业质量目标和品牌战略是企业安全生产行为的先决基础和核心，企业所有的行为选择基础都围绕质量目标和品牌战略展开。企业信用是企业持续选择和运行安全生产行为的保障条件，信用建立和维护的成本很高，包括人力、物力和时间等的持续投入，所以企业违背信用惯例的机会成本很高，同时，在信息不对称的情况下，良好信用也是促成交易契约关系的重要依据，可以发挥部分替代信息的功能。

2）企业规模。新古典主义经济学理论认为，企业规模虽由其既定的外部性技术决定，但与最小长期平均成本密切相关。另外，企业规模对生产技术的选择会产生极大影响，质量安全控制也会因企业规模的差异而不同。一般说来，企业规模在很大程度上影响着企业对产品质量安全的控制能力以及对产品的质量监测能力，规模越大，选择安全生产行为，采用各种质量安全控制技术的可能性越大。

3）经营性质、生产方式。企业经营性质对企业如何选择生产行为会产生很大影响，私营企业比公司制、股份制正规企业的投机行为相对较多，在销路不愁的情况下，大部分私营企业会选择成本低、效益好而忽略质量安全水平的生产方式，而公司制、股份制企业大部分会按既定质量目标和品牌战略，持续、稳定地选择安全生产行为。企业自己养殖、收购养殖户的产品、收购捕捞产品等不同生产方式也会对企业生产行为造成很大影响，自己养殖时安全生产的可控性也较强，收购则增加了很大的监管难度和监管成本，因此收购时极有可能在无外界压力下放弃对收购产品的质量安全监管。

4）产品种类。企业生产的产品种类会影响到企业的安全生产成本和最终总产量，种类越多，成本也越高。假设一个水产企业生产两种产品，第一种产品是对虾 $x_1$，具有质量安全特征 $q_1$；第二种产品是大菱鲆 $x_2$，具有质量安全特征 $q_2$。那么，当质量安全特征与企业生产成本、资本存量等相关时，该企业生产函数就可以表示为：

$$y = f(x_1, x_2, q_1, q_2, c, k)$$

其中：$c$ 为该企业生产成本；$k$ 为该企业资本存量。

另外，零售、批发、定向合作等销售方式，也会对企业是否选择安全生产行为产生影响。假如是零售和批发，企业可能会尽可能争取满足采购商或者消费者的各种要求，提供符合对方要求的产品。在定向合作情况下，在销路保证的状况下，很可能会主动放弃质量安全控制，只注重提高产量，而忽视质量安全。企业员工中技术人员比例越高，受教育程度越高，其生产操作会更加注重生产操作的规范性和科学性，也会更加严格按照生产操作规程从事质量控制。

（2）外部环境

1）法律法规、技术规范。当有关产品质量安全的法律法规体系和标准体系越健全，渔业执法比较严格和到位，企业的法律风险较大时，企业从事机会主义行为的成本就比较高昂，机会主义行为的额外收益也就越小，驱动企业从事投机、欺诈、假冒伪劣等行为的动力就越小。在严格、健全的法律法规体系、标准体系和高昂的违法成本之下，几乎没有企业会愿意从事违法行为，从法律和经济两个方面都有足够理由驱使企业遵纪守法，生产和供应优质、安全水产品。

2）市场情况、媒体监督。水产市场总体情况，对企业生产行为选择具有参照作用，也是水产企业行为决策的重要依据之一。当水产市场具有优质优价机制时，绝大部分企业都会严格采用安全生产操作规程，严格把住产品质量安全关。当水产市场实行严格的市场准入时，水产企业为了保证产品进入销售市场，也会积极提高渔业产品质量安全。当水产市场质量抽查严格且处罚严格时，水产企业为了避免因为质量安全水平不高而遭受处罚，也会积极主动采用安全生产行为，加大质量安全控制力度。

3）同类企业情况、出口要求。同类企业情况对于水产企业具有很大的趋同作用。假如某个企业在某地率先通过了无公害农产品认证、绿色食品认证、有机认证或者其他认证，同类企业就会逐渐也申请该类产品认证或者体系认证。尤其当采用安全生产行为，并获得良好市场效益时，更加会对类似企业产生巨大的驱动作用，从而起到"以点带面"的示范推广作用。另外，出口企业为了保证产品质量安全达到出口国家和地区的要求，会积极收集相关质量安全要求，应用安全生产技术手段，以确保产品完全符合出口国和地区的要求，顺利进入对方的市场，提高出口市场竞争力。

4）政府监管。为了说明政府监管对水产企业安全生产行为的影响，可以使用一个博弈对策进行分析。假设政府对市场上的渔业产品质量安全实行有效监管和查处的成本为 a；政府监管查处不安全水产品并予以没收、销毁时，企业因此遭受损失（包括经济和声誉）为 b；不安全水产品销毁成本为 c；企业生产、销售不安全水产品，可以额外获利为 d；消费者因为食用不安全水产品遭受的健康成本和相关损失为 e。那么该博弈模型可以通过图 4-2 表示。

企业行为

|  | 企业生产<br>不安全水产品 | 企业不生产<br>不安全水产品 |
|---|---|---|
| 政府查处<br>不安全水产品 | A (b-a, -b-c) | B (-a, 0) |
| 政府不查处<br>不安全水产品 | C (-d-e, d) | D (0, 0) |

政府
行为

图 4-2　政府和生产企业的对策模型

从图 4-2 可知，当政府不查处不安全水产品时，现实情况也说明了水产市场肯定存在很多企业很多销售不安全水产品的情况，因此状态 D 绝对不可能存在；当企业销售不安全水产品而政府不予查处时，社会代价非常大，达到 -d-e，因此这种状态对政府和消费者来说都是不可接受的，政府必须对水产市场实行有效的监管；当政府实施有效监管时，销售不安全水产品的企业损失就会很大，久而久之，企业必然放弃销售不安全水产品，因此状态 A 不稳定；只有状态 B 来说是稳定和均衡的，政府投入 a 成本实行有效监管，可以杜绝企业的违法行为，确保提高水产品的质量安全水平。而企业最终可以从规范的水产市场获得优质优价的回报。

（3）质量管理相关要素

除了上述企业内部环境和外部环境之外，诸如质量安全信息、企业生产记录、水质检测、产品检测、质量认证和政府例行监测等要素也在很大程度上影响企业的生产行为。水产企业对外界质量安全信息越了解，越会加大安全生产操作技术的应用和推行力度，应用生产过程化管理技术，强化企业内部质量安全管理。企业内部水质检测、产品检测、生产记录等做得越好，越有利于帮助企业发现质量安全问题，越有助于解决生产中出现的或将出现的质量安全事件。同时，各种检测结果和生产记录为水产品的可追溯提供了硬性保证。

质量认证，是企业严格实行安全生产技术规程提高企业内部质量安全管理水平的目标之一，是水产品达到相应认证标准质量安全要求的必然结果，也是水产品优质、安全、健康的有效证明。政府例行监测，是帮助政府了解水产行业质量安全水平的有效手段，是帮助政府加强和完善渔业产品质量安全监管的积极措施，也是政府督促企业加强内部管理提高渔业产品质量安全水平的行政办法。企业在考虑选择什么样的生产技术行为时，这些管理相关要素在其中也起着重要的决策参考作用，而且这些要素在一定程度上有助于解决信息不对称的问题。

### 4.1.2　上海市和广州市水产企业安全生产行为的实证分析

#### （1）水产企业安全生产行为问卷调查的样本资料概述

为分析水产企业的安全生产行为选择及其影响因素，本书根据上述水产企业行为影响因素的理论框架设计了"水产企业安全生产行为"问卷调查表，并于 2007 年 7—8 月间分别在上海市和广州市开展了问卷调查活动，调查对象为企业老板或高层管理人员。本次活动向上海市和广州市辖区内的水产养殖企业各发放了 150 份问卷调查表。其中，上海市有效问卷回收率为 44％；广州市有效问卷回收率为 96.67％。上海市回收率低，原因在于水产企业较少，主要以渔民养殖为主。问卷调查情况见表 4-1。

表 4-1　水产企业安全生产行为问卷调查基本情况

| 调查地点 | 上海市 | 广州市 |
| --- | --- | --- |
| 发放问卷调查表数量 | 150 | 150 |
| 回收问卷数量 | 75 | 148 |
| 无效问卷数量 | 9 | 3 |
| 有效问卷数量 | 66 | 145 |
| 有效问卷回收率（%） | 44 | 96.67 |

数据来源：问卷调查统计数据。

1）养殖规模。上海市被调查对象养殖面积总计 4 170 亩<sup>*</sup>，平均每家水产企业的养殖面积为 63.18 亩，其中规模最小为 30 亩，最大为 120 亩；广州市被调查对象的养殖面积总计 13 376 亩，平均每家水产企业的养殖面积为 92.25 亩，最小是 3 亩，最多达 1 006 亩。

2）销售范围。上海市所有被调查对象均将养殖生产的水产品销售在本地。广州市被调查对象中有 77.93% 的企业将养殖生产的水产品在当地销售，还有 22.07% 的被调查对象将所有产品销售到了省内其他地区。

3）销售方式。上海市被调查水产企业的销售方式以批发为主、零售为辅，批发方式占到总数的 80.30%，零售方式占 18.18%，其他销售方式占 1.52%；广州市被调查水产企业的销售方式以零售为主、批发为辅，零售方式占 62.76%，批发方式占 37.24%（见表 4-2）。两地的销售方式差异较大。

4）经营性质。上海市被调查的 66 家水产企业中有 54.55% 为股份合作制水产企业，另有 45.45% 为私营企业；广州市 145 家被调查的水产企业全部都是私营企业。因此说来，广州市水产企业的私营化程度远高于上海市，上海市水产企业在企业经营改革和股份合作经营等方面走在了广州市水产企业的前面。

---

\*　1 亩约合 0.067hm$^2$。

表4-2　被调查对象水产品主要销售方式

| | | 零售 | 批发 | 定向合作 | 其他 |
|---|---|---|---|---|---|
| 上海市 | 样本数 | 12 | 53 | 0 | 1 |
| | 比例（%） | 18.18 | 80.30 | 0 | 1.52 |
| | | 零售 | 批发 | 定向合作 | 其他 |
| 广州市 | 样本数 | 91 | 54 | 0 | 0 |
| | 比例（%） | 62.76 | 37.24 | 0 | 0 |

数据来源：问卷调查统计数据。

5）企业员工情况。从表4-3可看出，上海市和广州市被调查水产企业的员工情况比较相似，大部分企业中的员工以养殖工人为主，上海市被调查水产企业的平均技术人员和管理人员数量稍高于广州市，上海市被调查水产企业的平均技术人员为1.05人，平均管理人员为0.86人；广州市被调查水产企业的平均技术人员为0.93人，平均管理人员为0.78人。

表4-3　被调查对象的企业员工情况

| | | 员工总数 | 技术人员 | 管理人员 | 养殖人员 |
|---|---|---|---|---|---|
| 上海市 | 样本数 | 331 | 69 | 57 | 205 |
| | 平均每家企业人数 | 5.02 | 1.05 | 0.86 | 3.11 |
| | | 员工总数 | 技术人员 | 管理人员 | 养殖人员 |
| 广州市 | 样本数 | 688 | 135 | 113 | 440 |
| | 平均每家企业人数 | 4.74 | 0.93 | 0.78 | 3.03 |

数据来源：问卷调查统计数据。

6）员工受教育程度。对于被调查水产企业员工的受教育程度，从表4-4中可以看出，广州市被调查水产企业的员工受教育程度相对高于上海市，其中，广州市被调查水产企业员工中高中或中专的员工比例达到37.65%，大专比例达到10.61%，本科及以上的比例达到2.62%，均分别高于上海市的29.31%、9.97%和2.42%。

表 4-4　被调查对象的员工受教育程度

| | | 小学 | 初中 | 高中或中专 | 大专 | 本科及以上 |
|---|---|---|---|---|---|---|
| 上海市 | 样本数 | 87 | 106 | 97 | 33 | 8 |
| | 比例（%） | 26.28 | 32.02 | 29.31 | 9.97 | 2.42 |
| | | 小学 | 初中 | 高中或中专 | 大专 | 本科及以上 |
| 广州市 | 样本数 | 178 | 160 | 259 | 73 | 18 |
| | 比例（%） | 25.87 | 23.26 | 37.65 | 10.61 | 2.62 |

数据来源：问卷调查统计数据。

7）企业生产方式。水产企业的生产方式比较多样，有的企业自己养殖，有的以公司＋农户形式向养殖户定点养殖或者合同收购，有的也购买捕捞产品实行暂养再销售，还有的水产企业除了养殖外还同时向养殖户委托养殖等。调查结果显示，上海市被调查水产企业全部自己从事养殖生产。而广州市被调查的 145 家企业中有 17 家企业除了自己养殖之外，同时还向养殖农户定点或合同收购，其余 128 家水产企业也只采取自己养殖的生产方式。

（2）水产企业对质量安全的认知水平和控制意向

1）水产企业对安全水产品分类的认知情况。目前水产市场上对水产品的分级基本为：普通水产品、无公害水产品、绿色水产品和有机水产品，其中无公害水产品、绿色水产品和有机水产品统称为"安全水产品"。调查结果显示（见表 4-5），上海市水产企业对安全水产品分类的认知情况和了解程度远好于广州市的调查结果。

表 4-5　被调查对象对安全水产品分类的认知情况

| | | 了解 | 不太了解 | 不了解 | 不知道 |
|---|---|---|---|---|---|
| 上海市 | 样本数 | 47 | 19 | 0 | 0 |
| | 比例（%） | 71.21 | 28.79 | 0 | 0 |
| | | 了解 | 不太了解 | 不了解 | 不知道 |
| 广州市 | 样本数 | 38 | 90 | 17 | 0 |
| | 比例（%） | 26.21 | 62.07 | 11.72 | 0 |

数据来源：问卷调查统计数据。

2）水产企业对不安全水产品不良影响的认知情况。调查结果显示，上海市所有被调查企业都认为不安全水产品将会对消费者健康造成影响，还有 10.61％的企业认为对对企业自身声誉也会产生影响，没有被调查企业认为不安全水产品会对生态环境、产品品牌等产生负面影响；相对上海说来，广州市被调查企业则更加看重企业声誉、产品品牌和经济收益（见表 4-6）。

表 4-6　被调查对象对不安全水产品不良影响的认知情况

| 上海市 | | 生态环境 | 消费者健康 | 企业声誉 | 产品品牌 | 其他 |
|---|---|---|---|---|---|---|
| | 样本数 | 0 | 66 | 7 | 0 | 0 |
| | 比例（％） | 0 | 100 | 10.61 | 0 | 0 |
| 广州市 | | 生态环境 | 消费者健康 | 企业声誉 | 产品品牌 | 其他 |
| | 样本数 | 13 | 125 | 145 | 137 | 0 |
| | 比例（％） | 8.97 | 86.21 | 100 | 94.48 | 0 |

数据来源：问卷调查统计数据。

3）水产企业对渔药使用的认知情况。科学证明滥用渔药是导致水产品中渔药残留超标的重要原因，因此本调查问卷还就水产企业是否了解滥用渔药的不良影响进行了调查。根据表 4-7 中结果显示，上海市所有被调查企业均了解滥用渔药的不良影响；而广州市被调查企业中，只有 66.90％企业了解滥用渔药的危害，还有高达 33.10％的企业不了解。有关政府部门和技术推广部门应该对广州市水产企业加大渔药使用知识的宣传力度，进行有关安全用药的技术培训。

表 4-7　被调查对象对滥用渔药不良影响的认知情况

| 上海市 | | 了解 | 不太了解 |
|---|---|---|---|
| | 样本数 | 66 | 0 |
| | 比例（％） | 100 | 0 |
| 广州市 | | 了解 | 不太了解 |
| | 样本数 | 97 | 48 |
| | 比例（％） | 66.90 | 33.10 |

数据来源：问卷调查统计数据。

4）水产企业对质量安全管理重点环节的认知情况。为了解水产企业对各环节质量安全管理的认知情况，特别调查了水产企业认为容易遭受质量安全影响的环节。根据表 4-8 中结果显示，上海市被调查企业对渔业产品源头环节——养殖过程中存在的质量安全影响因素和危害缺乏认识；而广州市被调查企业中则有高达 81.38％的企业认为养殖过程容易出现质量安全问题。

表 4-8　被调查对象对易受质量安全影响环节的认知情况

| | | 养殖 | 运输的卫生条件 | 包装材料 | 贮藏环境 | 其他 |
|---|---|---|---|---|---|---|
| 上海市 | 样本数 | 0 | 53 | 0 | 45 | 0 |
| | 比例（％） | 0 | 80.30 | 0 | 68.18 | 0 |
| 广州市 | | 养殖 | 运输的卫生条件 | 包装材料 | 贮藏环境 | 其他 |
| | 样本数 | 118 | 66 | 44 | 45 | 0 |
| | 比例（％） | 81.38 | 45.52 | 30.34 | 31.03 | 0 |

数据来源：问卷调查统计数据。

5）水产企业对于水产品认证作用的认知情况。水产品认证，不但是提高渔业产品质量安全水平的一个重要途径，也是渔业产品质量安全水平不断提高的必然结果。经过调查发现，上海市被调查对象中，只有 42.42％的企业明确认为水产品认证对提高产品质量安全水平有所帮助；广州市更仅有 35.17％的企业表态认为水产品认证对提高产品质量安全水平有所帮助（见表 4-9）。这结果一方面可能说明企业对于水产品认证能提高产品质量安全水平没有太大信心；另一方面可能说明大部分企业不了解水产品认证的作用。

6）水产企业对相关法律法规的了解情况。在问卷调查表中，本书还列出了与水产养殖质量安全相关的一些法律法规，以便通过企业对各法律法规的看法调查和了解他们对相关法律法规的了解情况。根据结果显示，上海市被调查企业基本认为所列法律法规中与企业密切程度从紧密到次要依次为《中华人民共和国农产品质量安全法》、《水产养殖质量安全管理规定》、"水产品的国家和行业标准"和《中华人民共和国渔业法》；广州市被调查企业对此排序与上海市情况基本相同（见表4-10）。

表4-9　水产品认证对质量安全作用的认知情况

| | | 帮助很大 | 有所帮助 | 无帮助 | 无帮助还增加了负担 | 不知道 |
|---|---|---|---|---|---|---|
| 上海市 | 样本数 | 0 | 28 | 19 | 0 | 19 |
| | 比例（%） | 0 | 42.42 | 28.79 | 0 | 28.79 |
| 广州市 | | 帮助很大 | 有所帮助 | 无帮助 | 无帮助还增加了负担 | 不知道 |
| | 样本数 | 0 | 51 | 28 | 0 | 66 |
| | 比例（%） | 0 | 35.17 | 19.31 | 0 | 45.52 |

数据来源：问卷调查统计数据。

表4-10　被调查对象认为关系密切的法律法规

| | | 《中华人民共和国农产品质量安全法》 | 《中华人民共和国渔业法》 | 水产品的国家和行业标准 | 《水产养殖质量安全管理规定》 | 其他 |
|---|---|---|---|---|---|---|
| 上海市 | 样本数 | 66 | 39 | 45 | 38 | 0 |
| | 比例（%） | 100 | 59.09 | 68.18 | 57.58 | 0 |
| 广州市 | | 《中华人民共和国农产品质量安全法》 | 《中华人民共和国渔业法》 | 水产品的国家和行业标准 | 《水产养殖质量安全管理规定》 | 其他 |
| | 样本数 | 145 | 76 | 132 | 145 | 0 |
| | 比例（%） | 100 | 52.41 | 91.03 | 100 | 0 |

数据来源：问卷调查统计数据。

　　7）水产企业发展安全水产品的意向情况。通过调查发现，上海市被调查企业中已有 15.15% 的企业已具有生产安全水产品并申报水产品认证的计划，但是有 63.64% 的被调查企业明确回答不打算发展安全水产品，还有 21.21% 的被调查企业还未对此予以考虑；相比较而言，广州市拟打算发展安全水产品的企业比例较高，达到了 41.38%，明确回答不发展安全水产品的企业比较较低，只有 12.41%，另有 46.21% 的企业还未予以考虑（见表 4-11）。因此，有关部门应该积极完善渔业产品质量安全法律法规体系，营造优质优价的市场机制，从法律法规和经济利益两个方面驱动水产企业生产安全水产品。

表 4-11　被调查对象发展安全水产品的意向情况

| | | 打算 | 不打算 | 还未考虑 |
|---|---|---|---|---|
| 上海市 | 样本数 | 10 | 42 | 14 |
| | 比例（%） | 15.15 | 63.64 | 21.21 |
| | | 打算 | 不打算 | 还未考虑 |
| 广州市 | 样本数 | 60 | 18 | 67 |
| | 比例（%） | 41.38 | 12.41 | 46.21 |

数据来源：问卷调查统计数据。

8）同类企业认证情况对本企业认证品种选择的影响。本书还调查了同类企业的认证情况对于本企业选择认证品种的影响。根据调查结果显示，同类企业的认证行为对于上海市水产企业来说，在认证决策上基本不会因此受到影响；而对于广州市被调查企业来说，约有一半的企业认为很有影响，认为有影响和影响较小的企业分别占 24.83% 和 19.31%。上海和广州两地的水产企业在此问题上的观点差异较大（见表 4-12）。

9）水产企业选择安全水产品生产技术的意愿情况。通过调查问卷，本研究调查了当安全水产品的市场前景不确定时（比如消费者的实际购买能力不足、认知度不高等），企业是否还会选择高投入的安全水产品生产技术。结果显示，两地所有被调查企业均不愿在市场前景不确定的情况下，采用高投入的安全水产品生产技术。假如能切实解决安全水产品的生产成本问题，上海市被调查企业中就会有81.82％会选择安全生产技术，而广州市被调查企业更是100％都愿意选择安全生产技术（见表4-13）。看来，经济因素是制约水产企业选择安全养殖行为的核心因素。

表4-12　同类企业认证情况对本企业认证品种选择的影响

| 上海市 | | 很有影响 | 有影响 | 一般 | 基本没影响 | 完全没有影响 |
|---|---|---|---|---|---|---|
| | 样本数 | 0 | 0 | 0 | 66 | 0 |
| | 比例（％） | 0 | 0 | 0 | 100 | 0 |
| 广州市 | | 很有影响 | 有影响 | 一般 | 基本没影响 | 完全没有影响 |
| | 样本数 | 76 | 36 | 28 | 5 | 0 |
| | 比例（％） | 52.41 | 24.83 | 19.31 | 3.45 | 0 |

数据来源：问卷调查统计数据。

表4-13　不需增加生产成本时被调查对象选择安全生产技术的意愿情况

| 上海市 | | 选择 | 不选择 |
|---|---|---|---|
| | 样本数 | 54 | 12 |
| | 比例（％） | 81.82 | 18.18 |
| 广州市 | | 选择 | 不选择 |
| | 样本数 | 145 | 0 |
| | 比例（％） | 100 | 0 |

数据来源：问卷调查统计数据。

10）水产企业的法律风险意识。本书通过问卷，调查了水产企业在没有通过相关认证的水产品包装上加贴认证标志时，是否担心被政府查处而致使企业信誉受到损害进而影响企业未来发展。根据调查结果显示，上海市所有的被调查对象均不担心被政府查处而致使企业信誉遭受损害，分析其原因：一方面由于当地水产企业法律风险较小，执法部门对此执法不严或者执法不到位；另一方面由于违法行为的额外收益较高，而违法成本较低，处罚力度不足以震慑企业的违法行为。而广州市被调查企业中89.66%的企业均担心企业会因此致使企业信誉受到损害并进而影响企业未来发展，其原因也不外乎两个方面，一方面可能是因为广州市水产企业遵纪守法的意识较好，比较注重企业信誉建设；另一方面违法被查处的几率相对较高，违法成本很高，违法的额外效用较低。

11）水产企业的企业品牌意识。为调查水产企业的企业品牌意识，本研究在问卷中设置了如下问题：假定贵企业在社会上具有一定的知名度，企业品牌也已深入消费者，如果因生产不安全产品被查处，是否担心企业品牌受损？根据调查统计结果显示，上海市和广州市所有的被调查企业均担心企业会因为生产不安全水产品被查处而致使企业品牌受损，看来，企业将自身的品牌看得很重，品牌在很大程度上已经成为了企业的重要资产之一。

12）水产企业的品牌保护意识。目前现代企业保护品牌的途径和手段已经多样化。根据表4-14中结果显示，上海市被调查水产企业全部考虑依靠法律途径进行解决；广州市被调查的企业中80.69%将会采取法律手段解决被假冒问题，还有近20%的企业还将考虑通过政府部门或者媒体进行解决。这说明两地企业的法律保护意识都非常强，基本都明白如何有效保护自身的企业品牌。

表4-14  被调查对象的品牌保护手段

| | | 政府 | 法律 | 媒体 | 自己 | 其他 |
|---|---|---|---|---|---|---|
| 上海市 | 样本数 | 0 | 66 | 0 | 0 | 0 |
| | 比例（%） | 0 | 100 | 0 | 0 | 0 |
| | | 政府 | 法律 | 媒体 | 自己 | 其他 |
| 广州市 | 样本数 | 25 | 117 | 3 | 0 | 0 |
| | 比例（%） | 17.24 | 80.69 | 2.07 | 0 | 0 |

数据来源：问卷调查统计数据。

13）水产企业对政府部门的需求。政府部门是渔业产品质量安全管理的主体和核心，对于渔业产品质量安全管理，政府部门的作用和重要性毋庸怀疑。上海市和广州市的被调查企业均在完善法规、加大渔业补贴、加强渔药监管、加强渔业执法、推动市场准入等方面对政府部门有着强烈的需求（见表4-15）。调查结果表明，渔业主管部门在渔业产品质量安全监管和满足渔业行业发展需求上存在较大缺陷，完善渔业产品质量安全管理体系和管理机制具有急迫性和重要性。

表4-15　被调查对象在渔业产品质量安全方面对政府部门的需求

| 上海市 | | 完善法规 | 加大补贴 | 加强渔药监管 | 加强渔业执法 | 推动市场准入 | 其他 |
|---|---|---|---|---|---|---|---|
| | 样本数 | 43 | 11 | 62 | 64 | 0 | 0 |
| | 比例（%） | 65.15 | 16.67 | 93.94 | 96.97 | 0 | 0 |
| 广州市 | | 完善法规 | 加大补贴 | 加强渔药监管 | 加强渔业执法 | 推动市场准入 | 其他 |
| | 样本数 | 76 | 145 | 94 | 0 | 89 | 0 |
| | 比例（%） | 52.41 | 100 | 64.83 | 0 | 61.38 | 0 |

数据来源：问卷调查统计数据。

**（3）企业对质量安全的控制行为**

1）水产企业的品牌（商标）建设情况。根据调查问卷结果显示，不管是上海市，还是广州市，所有被调查企业都还没有申请企业商标。水产企业申请商标保护企业品牌的做法还是比较少见，品牌保护的实际行动对于水产企业来说也比较少。但是，这种情况也有其现实的原因，因为养殖企业出售的水产品大部分以鲜活形式带水销售，即使申请了商标，除了如中华绒螯蟹等个别品种之外绝大部分种类的水产品无法将商标加贴到身上。

2）水产企业的产品认证情况。从表4-16中可看出，上海市水产企业认证情况明显不容乐观，在国内水产认证快速发展的背景下，竟然没有一家被调查企业申请和通过水产品认证；广州市被调查企业中也只有10.34%的企业通过无公害农产品认证，24.83%的企业通过绿色食品认证。假如要将水产品认证作为这些城市的水产品市场准入条件，大部分当地企业将被排除出当地市场，尤其是上海市。在没有优质优价的市场机制条件下，水产企业对于申报安全水产品认证的积极性和主动性仍不高。

表 4-16　被调查对象的产品认证情况

| | | 无公害农产品 | 有机食品 | 绿色食品 | 无 |
|---|---|---|---|---|---|
| 上海市 | 样本数 | 0 | 0 | 0 | 66 |
| | 比例（%） | 0 | 0 | 0 | 100 |
| | | 无公害农产品 | 有机食品 | 绿色食品 | 无 |
| 广州市 | 样本数 | 15 | 0 | 36 | 97 |
| | 比例（%） | 10.34 | 0 | 24.83 | 66.90 |

数据来源：问卷调查统计数据。

3）水产企业针对渔业产品质量安全的相关情报收集工作。采用现代化管理技术的企业都非常注重企业情报收集工作，有关法律法规、生产操作标准、产品质量要求、市场状况等通常都是企业情报收集的主要内容。可是，本书通过问卷调查结果发现，上海市和广州市两地所有的被调查企业均没有专门部门负责相关情报收集工作。在这方面，水产企业亟待提高，这方面工作的缺乏会严重影响企业生产技术、管理技术、品牌战略、质量目标等的进步和完善，否则企业生产出来的产品质量可能无法保证随时符合市场要求和法规要求。

4）水产企业了解渔业产品质量安全相关信息的途径。通过问卷中另外一个问题可以获知，上海市被调查企业中 80.30% 的企业可以从行业协会处获取有关渔业产品质量安全方面的信息，同时，还有 78.79% 企业还能通过定购专业杂志、专业报纸、聘请顾问等方式获取相关信息和情报；而广州市被调查企业，更多的是依靠企业自身了解有关渔业产品质量安全信息，主要依靠企业负责人和技术人员去跟踪和了解相关信息，同时也有 42.07% 的企业还能从行业协会处获取相关信息（见表 4-17）。水产企业获取质量安全相关信息的渠道较为简单，渔业主管部门在安全养殖技术培训、质量安全意识宣传等方面存在漏洞，渔业技术推广体系没能很好地履行应有的质量安全宣传教育、安全养殖技术推广等公益性职能。

表4-17　被调查对象了解渔业产品质量安全相关信息的渠道

| | | 自己紧密跟踪，透彻了解 | 从行业协会处获悉 | 等到监管部门通知才知道 | 其他 |
|---|---|---|---|---|---|
| 上海市 | 样本数 | 0 | 53 | 0 | 52 |
| | 比例（%） | 0 | 80.30 | 0 | 78.79 |
| | | 自己紧密跟踪，透彻了解 | 从行业协会处获悉 | 等到监管部门通知才知道 | 其他 |
| 广州市 | 样本数 | 139 | 61 | 0 | 0 |
| | 比例（%） | 95.86 | 42.07 | 0 | 0 |

数据来源：问卷调查统计数据。

5）水产企业选择是否遵从相关法律法规的主要考虑因素。从调查结果可以看出，在选择是否遵从相关法律法规时，上海市被调查企业最关心预期的执行成本和收益情况，而广州市被调查企业更加关心的是同类企业的执行情况（见表4-18）。上海市还有超过60%的企业认为政府规制强度大小也是他们是否会选择遵从法律法规的重要因素，这说明，若要提高企业的遵纪守法积极性和主动性，法律法规的贯彻实施必须与水产企业的成本投入、预期收益等经济因素以及政府监管、渔业执法等法律风险相协调、配套。

表4-18　被调查对象选择是否遵从相关法律法规的主要考虑因素

| | | 预期的执行成本和收益 | 政府规制的强度 | 同类企业的执行情况 | 其他 |
|---|---|---|---|---|---|
| 上海市 | 样本数 | 66 | 40 | 57 | 0 |
| | 比例（%） | 100 | 60.61 | 86.36 | 0 |
| | | 预期的执行成本和收益 | 政府规制的强度 | 同类企业的执行情况 | 其他 |
| 广州市 | 样本数 | 80 | 57 | 145 | 0 |
| | 比例（%） | 55.17 | 39.31 | 100 | 0 |

数据来源：问卷调查统计数据。

6）水产企业对渔业产品质量安全相关政策法规的落实情况。法律法规是提高渔业产品质量安全水平的基础，虽然我国水产品质量安全相关法律法规仍不够完善，但是如何有效落实现有的法律法规才更是当务之急。根据调查结果显示，两地绝大多数被调查企业都认为落实困难很大，无法做到严格贯彻和遵守现有的法律法规，在实际落实过程上存在变通（见表4-19）。仅有极少数企业一直在顶着困难，坚持落实和贯彻。目前的法律法规体系存在超前性，有点脱离实践且不易操作，不适用于当前我国的渔业发展状况。

表 4-19　被调查对象对渔业产品质量安全相关政策法规的落实情况

| 上海市 | | 很困难，实际做法上有变通 | 很困难，但做到了，应该可以坚持下去 | 贯彻比较顺利 | 企业所做的已高于政策法规的要求 |
|---|---|---|---|---|---|
| | 样本数 | 60 | 6 | 0 | 0 |
| | 比例（%） | 90.91 | 9.09 | 0 | 0 |
| 广州市 | | 很困难，实际做法上有变通 | 很困难，但做到了，应该可以坚持下去 | 贯彻比较顺利 | 企业所做的已高于政策法规的要求 |
| | 样本数 | 114 | 31 | 0 | 0 |
| | 比例（%） | 78.62 | 21.38 | 0 | 0 |

数据来源：问卷调查统计数据。

7）水产企业的产品出厂检验情况。产品出厂检验是水产养殖企业质量安全控制的最后一道关卡，也是最重要的一道环节。但是，我国大部分的水产企业目前还无力配置相关的仪器设备，只能自我检测一些比较简单的项目。调查发现，上海市大部分企业在产品出厂时根本就从不进行产品检测；广州市企业比起上海市要好些，超过2/3的企业在产品出厂时每批产品都经过重金属含量及致病菌的抽样检测，剩余的被调查企业也偶尔进行重金属及致病菌的抽样检测（见表4-20）。但是，两地水产企业均未在产品出厂时针对渔药残留进行检测，为确保产品质量安全的源头控制，未来在产品出厂检测能力和水平等方面亟待加强。由于检测设置价格高昂，检测技术门槛高。在适当时机，建议我国的政府部门借鉴泰国渔业产品的公益性检测体系，逐步推行公益性、免费的产品检测，将监管重点沿生产供应链往前移。

表4-20　被调查对象的产品出厂检验情况

| 上海市 | 每批出厂产品都经过重金属含量及致病菌的抽样检测 | 偶尔进行重金属含量及致病菌的抽样检测 | 每批出厂产品都经过渔药残留含量的抽样检测 | 偶尔进行渔药残留含量的抽样检测 | 基本上没有进行什么检测 |
|---|---|---|---|---|---|
| 样本数 | 0 | 11 | 0 | 0 | 55 |
| 比例（%） | 0 | 16.67 | 0 | 0 | 83.33 |
| 广州市 | 每批出厂产品都经过重金属含量及致病菌的抽样检测 | 偶尔进行重金属含量及致病菌的抽样检测 | 每批出厂产品都经过渔药残留含量的抽样检测 | 偶尔进行渔药残留含量的抽样检测 | 基本上没有进行什么检测 |
| 样本数 | 105 | 40 | 0 | 0 | 0 |
| 比例（%） | 72.41 | 27.59 | 0 | 0 | 0 |

数据来源：问卷调查统计数据。

8）水产企业的生产记录情况。生产信息记录是企业质量管理的重要环节。上海市92.42%企业均对投入品的购买、贮存和使用进行记录，所有企业都会记录有关的质量安全信息或者生产情况，只是记录内容有所不同而已；广州市被调查企业的生产记录情况稍显复杂，约有2/3的企业记录投入品相关信息，一半左右企业记录专家技术培训或指导（见表4-21）。各个企业的生产记录情况极不规范和统一，虽然农业部曾颁发部令要求企业需要按照推荐格式进行生产记录，但实际执行情况不容乐观。

9）水产企业采用质量安全控制措施的原因。各个水产企业在考虑采用质量安全控制措施时，其考虑因素和驱动力往往不尽相同。本书发现上海市企业采用质量安全控制措施，考虑得最多的原因是为了满足销售需要，接着还有超过2/3的企业认为是因为法规强求和提高对外形象，只有很少企业明确表示为了提高产品质量；比较而言，广州市的水产企业采用质量安全控制措施时更多是考虑为了提高产品质量，他们想提高产品质量水平的意愿和主动性远高于上海市的水产企业，这方面地方差异较大（见表 4-22）。

表 4-21　被调查对象的生产记录情况

| | | 各次的质量检测结果 | 各种质量安全事故 | 投入品的购买、使用和贮存 | 专家技术培训或指导 | 其他质量安全的相关记录 |
|---|---|---|---|---|---|---|
| 上海市 | 样本数 | 0 | 5 | 61 | 0 | 66 |
| | 比例（%） | 0 | 7.58 | 92.42 | 0 | 100 |
| 广州市 | | 各次的质量检测结果 | 各种质量安全事故 | 投入品的购买、使用和贮存 | 专家技术培训或指导 | 其他质量安全的相关记录 |
| | 样本数 | 41 | 15 | 98 | 71 | 15 |
| | 比例（%） | 28.28 | 10.34 | 67.59 | 48.97 | 10.34 |

数据来源：问卷调查统计数据。

表 4-22　被调查对象采用质量安全控制措施的原因

| | | 对外形象 | 法规强求 | 销售需要 | 提高产品质量 | 改善管理 | 控制成本 | 其他 |
|---|---|---|---|---|---|---|---|---|
| 上海市 | 样本数 | 47 | 49 | 66 | 5 | 0 | 16 | 0 |
| | 比例（%） | 71.21 | 74.24 | 100 | 7.58 | 0 | 24.24 | 0 |
| 广州市 | 样本数 | 24 | 19 | 49 | 67 | 49 | 67 | 0 |
| | 比例（%） | 16.55 | 13.10 | 33.79 | 46.21 | 33.79 | 46.21 | 0 |

数据来源：问卷调查统计数据。

10）水产企业采用质量安全控制措施的受益情况。在目前我国渔业国情下，采用有效的质量安全控制措施，到底能否给水产企业带来直接的收益，是本书关注的主要问题之一。根据调查结果显示（见表4-23），上海市超过78%的企业确认能因为采用质量安全控制措施而获得好处；而在广州市，更是超过86%的企业认为能从中受益。两地的大多数水产企业均认为企业能从质量安全控制措施中受益，结合其他调查问题可以看出，相对于成本投入来说，受益程度不足以支持和吸引企业采用质量安全控制措施提高产品质量安全水平。

表4-23　被调查对象采用质量安全控制措施的受益情况

| 上海市 | | 很有好处 | 有好处 | 一般 | 基本无好处 | 完全无用 |
|---|---|---|---|---|---|---|
| | 样本数 | 13 | 39 | 14 | 0 | 0 |
| | 比例（%） | 19.70 | 59.09 | 21.21 | 0 | 0 |
| 广州市 | | 很有好处 | 有好处 | 一般 | 基本无好处 | 完全无用 |
| | 样本数 | 12 | 113 | 20 | 0 | 0 |
| | 比例（%） | 8.28 | 77.93 | 13.79 | 0 | 0 |

数据来源：问卷调查统计数据。

11）水产企业采用质量安全控制措施后的收益情况。由于目前我国部分水产市场不够规范，优质水产品可能会被劣质水产品挤出市场，也就是说水产市场因逆向选择演变成"柠檬市场"。因此，优质产品卖不了高价格，采用质量安全控制措施增加短期管理成本的情况下，反而会降低企业效益。从表4-24中可观察到，广州市有6家被调查企业明确说明因为采用质量安全控制措施反而降低了企业的年利润，近一半的广州市被调查企业认为企业的年收益没有因为采用质量安全控制措施而发生改变。

12）水产企业对收回质量安全控制措施成本的预期情况。从表4-25中可以看到，上海市绝大多数的被调查企业对将来收回质量安全控制措

施成本充满信心，只有部分水产企业对能否收回成本还充满疑问；而广
州市已经有部分被调查企业明确回答了已经收回了质量安全控制措施成
本，但多数企业对此还充满疑问。因此，政府应加大渔业执法力度，打
击劣质水产品对优质水产品的市场挤出效应，规范优质优价的市场机制，
增进水产企业采用质量安全控制措施的信心。

表 4-24　被调查单位采用质量安全控制措施后的收益情况

| | | 增多 | 不变 | 减小 | 不知道 |
|---|---|---|---|---|---|
| 上海市 | 样本数 | 0 | 0 | 0 | 66 |
| | 比例（%） | 0 | 0 | 0 | 100 |
| | | 增多 | 不变 | 减小 | 不知道 |
| 广州市 | 样本数 | 0 | 70 | 6 | 69 |
| | 比例（%） | 0 | 48.28 | 4.14% | 47.59 |

数据来源：问卷调查统计数据。

表 4-25　被调查单位对收回质量安全控制措施成本的预期情况

| | | 已收回 | 将来可以收回 | 难以收回 | 不清楚 |
|---|---|---|---|---|---|
| 上海市 | 样本数 | 0 | 52 | 0 | 14 |
| | 比例（%） | 0 | 78.79 | 0 | 21.21 |
| | | 已收回 | 将来可以收回 | 难以收回 | 不清楚 |
| 广州市 | 样本数 | 28 | 0 | 0 | 117 |
| | 比例（%） | 19.31 | 0 | 0 | 80.69 |

数据来源：问卷调查统计数据。

## 4.2　渔民安全养殖行为分析

### 4.2.1　理论框架

我国水产养殖业主要以渔民个体养殖方式为主。大部分渔民养殖户

具有生产规模小、养殖品种杂、养殖技术更新慢、信息来源少等特点。而且相对于水产企业来说,渔民在水产养殖过程中具有明显的决策行为主体单一的特点。通过实地调查可知,渔民在养殖生产中不但非常关注"安全水产品的生产成本和经济收益"、"无公害渔药的使用知识"、"提高水产养殖产量和质量安全水平的养殖技术"、"哪些品种更有助于渔民获得更大经济收入"等问题,并且对于养殖生态、环境保护、渔业执法等现状也表现出了一定的担忧。综合考虑各种相关因素,我们可以提出图4-3所示的渔民安全养殖行为的理论分析框架。

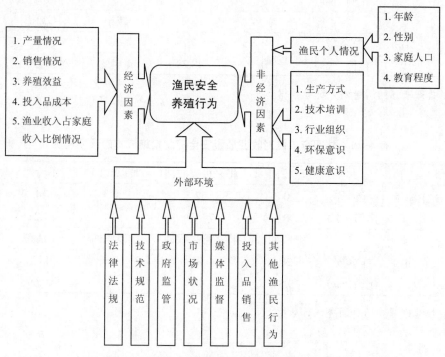

图4-3 渔民安全养殖行为的理论分析框架

从图4-3能看出,渔民安全养殖行为的主要影响因素可以分为三类,即经济因素、非经济因素以及外部环境,而每一类影响因素又包括了很多种影响因素,图4-3所列出的仅为主要和通用因素。根据企业特性和生产特点,其影响因素可能存在较大差别。具体分析渔民安全养殖行为的主要影响因素包括以下几个。

**（1）经济因素**

增加收入是渔民从事养殖生产维持生计、改善生活的终极目标。围绕该目标，所有渔民在养殖之初就会慎重选择养殖品种和投入品，投入有限成本进行养殖生产，追求产量最大化和效益最大化。

1）产量情况。一般说来，渔民最关心的就是养殖产量，养殖产量是水产品销售和养殖效益的基础。在外界市场价格情况和销售形势不受自己左右的情况下，高产量就是渔民收益最大化的可靠保证，也是自己最有可能支配和改变的因素。

2）销售情况。销售情况是渔民获得养殖收入的关键。假如经过辛勤劳作，渔民收获的养殖产品不能有良好销路，那么当年渔民的收入就可能无法保证，更有甚者可能连成本都捞不回来。虽说一般情况下，安全水产品的品质高于普通水产品，但是在当前大部分水产市场中，由于信息不对称和缺乏"优质优价"机制，品质高也不一定能卖个好价，说不定优质水产品还会因为"逆向选择"被普通水产品挤出水产市场。因此，销售情况必须具有激励渔民生产优质水产品和"优质优价"的机制，否则渔民就会只关注如何减少生产成本并追求高产量而忽略质量安全问题。

3）投入品成本。当生产普通水产品时，渔民既可以使用易得的鲜活饵料又可以使用低价的配合饲料，从而可以大大降低生产成本。当渔民要进行安全水产品生产时，就得使用无公害、无毒副作用的渔药和配伍优良的配合饲料，这就意味着其投入品的成本也要高于生产普通水产品的成本。所以，安全水产品的投入品成本必须在渔民的生产成本可接受范围之内，才有可能促使渔民从事安全水产品生产。

4）养殖效益。追求尽可能高的养殖效益是渔民从事养殖生产的最终目的。假如从事优质水产品养殖生产的渔民，在同等条件下比生产普通水产品养殖生产能够获取更高的养殖效益，渔民就有可能全部逐渐地转向生产优质水产品。更好的养殖效益是说服渔民由从事普通水产品养殖生产转向从事优质水产品养殖生产的最佳理由。为了保证优质水产品的高效益，就得降低优质水产品的投入品成本，拓宽优质水产品的销售渠道，保证优质水产品的相应价格。

5）渔业收入占家庭收入比例情况　渔业收入占家庭收入比例越高，渔民收入来源单一性越明显，渔业收入对该家庭的重要性也就越高，在这种情况下，渔民通常有着更加明显的趋利行为，也存在更大的机会主义行为风险。保证优质优价对于这类家庭来说，其意义和重要性就更加不言而喻，否则渔民为了短期经济利益，极有可能不择手段采取任何有助于提高养殖收入的行为。

**（2）非经济因素**

除了上述的经济因素之外，很多情况下，渔业是否愿意采用安全养殖技术生产优质水产品还与很多非经济因素相关，比如渔民个人情况，能否获得安全养殖技术培训，有没加入养殖协会等行业组织以及渔民的环保意识和健康意识等等。

1）渔民个人情况。家庭人口、教育程度等渔民个人情况是影响渔民安全养殖行为的重要非经济因素之一。各个因素对渔民安全养殖行为的影响大小可能存在很大差异，有时各因素之间还有相关性，甚至不一定直接与渔民的安全养殖行为存在简单的正相关或负相关。

2）生产方式、技术培训和行业组织。假如渔民采取的生产方式是高投入、高产出的精养方式，在高投入的前提下，渔民的法律成本和机会成本就相对高出很多，所以这些渔民就更有可能舍得采购和使用无公害、无毒副作用的优质渔药和营养配伍优良的配合饲料，精心营造养殖对象的良好生长环境，进行有效、安全的病害防治并遵守休药期规定。渔民能否获得及时、有效的无公害养殖操作培训，对于渔民能否从事安全水产品生产起着重要作用。普通渔民由于缺乏信息和技术获取途径，不了解养殖技术和外界对渔业产品质量安全的要求，很难及时改进养殖方式，很难花大钱购买其他优质投入品。根据调查可知，养殖协会等行业组织是渔民获取信息和技术培训的主要渠道，所以当地有无相关行业协会对于渔民的生产行为也有着很大影响。

3）环保意识和健康意识。现代的渔民在环保意识和健康意识等方面比起以前已经有了很大的提高和进步。只要采取无公害养殖操作技术既不会增加其养殖成本又不会降低其经济收入，渔民就会有放弃使用或者减少使用高毒高残留渔药的意愿。一方面为了减少过量投喂饲料而污染养殖环境，另一方面为了减少饲料成本，很多渔民都已经学会利用科学办法计算水产养殖的最佳饲料投喂量并按此进行科学投喂。随着人们对食品质量安全和健康问题的日益关注，渔民在选用渔药、饲料和化肥等养殖投入品时也开始考虑各种投入品对渔业产品质量安全的影响。据调查了解，很多渔民表示自己家庭从来不吃得病的水产品和用过药的水产品。

（3）外部环境

渔民所面临的法律法规、技术规范、政府监督、市场情况、媒体监督等外部环境与水产企业面临的外部环境基本一致，因此，对于它们的相同点请参考第 4.1.1 节，这里不再赘述。这里重点强调一下投入品销售和其他渔民行为这两个外部因素。

1）投入品销售。由于大部分渔民的养殖决策和相关行为都比较简单，其养殖管理也相对水产企业来说显得简单和落后，甚至部分渔民的养殖行为连基本的管理都谈不上。大部分渔民在从事水产养殖生产需要购买有关投入品时，在缺乏水产相关基础知识和根本不了解饲料是否配伍合理、营养是否充分以及所售渔药是否已被国家明令禁止使用等情况下，通常会就近到水产物资销售商店或者销售点，仅考虑市场价格因素就随意选择和购买养殖饲料或者渔用药物，并按相应的说明书在养殖过程中进行使用。

2）其他渔民行为。在大部分渔民缺少水产养殖知识的情况下，其他渔民的养殖操作行为将会有着很大的示范和引导作用。尤其在某些渔民获取很好的经济收益时，其模范借鉴作用更会得到极大体现，周边的渔民自然而然会积极参考和学习这些渔民的相关行为。假如这些渔民是通过采用无公害养殖操作技术获得良好收益时，便能有效地发挥促进周边渔民积极应用无公害养殖操作技术的辐射作用。但是，假如这些渔民是因为采取使用激素、劣质饲料、禁用渔药等而获得额外收益时，他们也能带坏周边渔民而采取各种机会主义行为。

### 4.2.2　上海市和广州市渔民安全养殖行为

#### （1）渔民安全养殖行为问卷调查的样本资料概述

为了分析渔民的安全养殖行为选择及其影响因素，本书根据上述渔民安全养殖行为影响因素理论框架设计了"渔民安全养殖行为"问卷调查表，并于2007年7—8月间分别在上海市和广州市开展了问卷调查活动。本次活动向上海市和广州市辖区内的渔民各发放了150份问卷调查表，调查对象为养殖渔民户主。其中，上海市有效问卷回收率为98.67%；广州市有效问卷回收率为100%（见表4-26）。

表4-26　渔民安全养殖行为问卷调查基本情况

| 调查地点 | 上海市 | 广州市 |
| --- | --- | --- |
| 发放问卷调查表数量 | 150 | 150 |
| 回收问卷数量 | 149 | 150 |
| 无效问卷数量 | 1 | 0 |
| 有效问卷数量 | 148 | 150 |
| 有效问卷回收率（%） | 98.67 | 100 |

数据来源：问卷调查统计数据。

1）养殖规模。上海市被调查对象的养殖面积总计3 057亩，平均每位养殖户的养殖面积为20.66亩，其中规模最小的为8亩，最大的为38亩；广州市被调查对象的养殖面积总计5 225亩，平均每位养殖户的养殖面积为34.83亩，最少的是8亩，最多的达到120亩。

2）家庭人口数。上海市被调查对象的家庭人口数量全部集中于3～7人之间，家庭人口为5人的情况最为普遍，占到总数的50.00%；其次是家庭人口为6人的情况，占到总数的22.30%。广州市被调查对象的家庭人口分布情况更分散一些，除了没有家庭人口为2人的情况之外，其他各种人口数均有分布，其中占总数比例最高的人口数与上海情况相似，即家庭人口为5人，该比例为36.00%；其次是3人和4人的情况，都占到20.67%（见表4-27）。

表4-27　被调查对象的家庭人口数

| | | 1人 | 2人 | 3人 | 4人 | 5人 | 6人 | 7人 | 8人 | 9人 |
|---|---|---|---|---|---|---|---|---|---|---|
| 上海市 | 样本数 | 0 | 0 | 17 | 21 | 74 | 33 | 3 | 0 | 0 |
| | 比例（%） | 0 | 0 | 11.49 | 14.19 | 50.00 | 22.30 | 2.03 | 0 | 0 |
| | | 1人 | 2人 | 3人 | 4人 | 5人 | 6人 | 7人 | 8人 | 9人 |
| 广州市 | 样本数 | 3 | 0 | 31 | 31 | 54 | 24 | 4 | 2 | 1 |
| | 比例（%） | 2.00 | 0 | 20.67 | 20.67 | 36.00 | 16.00 | 2.66 | 1.33 | 0.67 |

数据来源：问卷调查统计数据。

3）受教育程度。上海市被调查对象都具有初中或者高中的受教育程度，其中初中教育程度占87.16%，高中教育程度占12.84%。而广州市被调查对象的受教育程度则相对较为复杂些，其中比例最高的是初中教育程度，占76%；其次是高中，占17.33%；再次是文盲，占4.00%。上海和广州两地均没有高中以上教育程度的被调查对象（见表4-28）。

表4-28　被调查对象的受教育程度

| | | 文盲 | 小学 | 初中 | 高中 | 高中以上 |
|---|---|---|---|---|---|---|
| 上海市 | 样本数 | 0 | 0 | 129 | 19 | 0 |
| | 比例（%） | 0 | 0 | 87.16 | 12.84 | 0 |
| | | 文盲 | 小学 | 初中 | 高中 | 高中以上 |
| 广州市 | 样本数 | 6 | 4 | 114 | 26 | 0 |
| | 比例（%） | 4.00 | 2.67 | 76.00 | 17.33 | 0 |

数据来源：问卷调查统计数据。

4）销售范围。上海市被调查对象最大的水产品销售目的地是产地批发市场，占总数的65.54%；其次是销地批发市场，占33.78%；仅有一户养殖户将水产品专门出售给水产加工企业。而广州市被调查对象的销售范围相对要宽广，不少渔民的销售途径多种多样，其中居前两位的销售渠道同上海市一致，最大的销售途径也是产地批发市场，占到被调查对象总数的65.33%；其次是销地批发市场，占35.33%；另外还有不少渔民将养殖水产品供应到了超市、水产加工企业或者由自己进行加工后再销售（见表4-29）。

表4-29　被调查对象的销售范围

| 上海市 | | 产地批发市场 | 销地批发市场 | 超市 | 自己加工 | 其他水产加工企业 | 其他 |
|---|---|---|---|---|---|---|---|
| | 样本数 | 97 | 50 | 0 | 0 | 1 | 0 |
| | 比例（%） | 65.54 | 33.78 | 0 | 0 | 0.68 | 0 |
| 广州市 | | 产地批发市场 | 销地批发市场 | 超市 | 自己加工 | 其他水产加工企业 | 其他 |
| | 样本数 | 98 | 53 | 2 | 2 | 3 | 1 |
| | 比例（%） | 65.33 | 35.33 | 1.33 | 1.33 | 2.00 | 0.67 |

数据来源：问卷调查统计数据。

5）水产养殖收入在家庭收入中所占比例。一般说来，水产养殖收入在家庭收入中所占比例越高，越存在采取机会主义行为的冲动；比例越低，越容易采用无公害养殖技术操作，从事安全水产品养殖生产。根据问卷调查可知，两地多数渔民的养殖收入占到家庭收入的3～5成，其次则是5成以上（见表4-30）。

表4-30　水产养殖收入在家庭收入中所占比例

| 上海市 | | 10%以下 | 10%～30% | 30%～50% | 50%以上 | 100% |
|---|---|---|---|---|---|---|
| | 样本数 | 0 | 16 | 90 | 42 | 0 |
| | 比例（%） | 0 | 10.81 | 60.81 | 28.38 | 0 |
| 广州市 | | 10%以下 | 10%～30% | 30%～50% | 50%以上 | 100% |
| | 样本数 | 11 | 18 | 75 | 32 | 14 |
| | 比例（%） | 7.33 | 12.00 | 50.00 | 21.33 | 9.33 |

数据来源：问卷调查统计数据。

6）渔民家庭收入情况。在问卷调查表中，本研究提出了关于渔民家庭收入情况的问题，并参照当地收入状况分别设置了高、中和低三个选项。根据调查结果显示，上海市被调查对象中多数渔民认为家庭收入情况为中等水平，另有约 1/3 的渔民认为家庭收入偏低。而广州市被调查对象中各有一半渔民分别认为家庭收入为中等或者偏低（见表 4-31）。据此认为，水产养殖户的家庭收入情况在当地居民群体中大概只处于中偏下的位置。

表 4-31　被调查对象家庭收入情况

| | | 高 | 中 | 低 |
|---|---|---|---|---|
| 上海市 | 样本数 | 0 | 98 | 50 |
| | 比例（%） | 0 | 66.22 | 33.78 |
| | | 高 | 中 | 低 |
| 广州市 | 样本数 | 0 | 75 | 75 |
| | 比例（%） | 0 | 50.00 | 50.00 |

数据来源：问卷调查统计数据。

**（2）渔民养殖生产经营状况**

为了分析渔民的安全养殖行为及其行为决策的原因，我们首先需要调查了解渔民当前的养殖经营背景情况。

表 4-32　在水产养殖过程中被调查对象有无专业技术指导

| | | 有 | 没有 |
|---|---|---|---|
| 上海市 | 样本数 | 114 | 34 |
| | 比例（%） | 77.03 | 22.97 |
| | | 有 | 没有 |
| 广州市 | 样本数 | 70 | 80 |
| | 比例（%） | 46.67 | 53.33 |

数据来源：问卷调查统计数据。

1）渔民的养殖技术指导情况。根据表 4-32 可知，在水产养殖过程中，上海市被调查的渔民中超过 2/3 的渔民都有相关的专业技术指导；

只有不到23％的渔民得不到专业技术指导。而广州市被调查的渔民中能获得专业技术指导的比例远低于上海市，只有46.67％。作为经济发达，技术推广体系建设相对完善的上海和广州地区，仍有众多渔民无法获得专业技术指导，说明我国其他养殖区域可能更加无法获得强有力的先进技术指导服务。

上海市能够获得专业技术指导的114户被调查渔民中，最大的专业技术人员来源为饲料厂，占总数的46.49％。而广州市专业技术人员主要由渔民自己邀请前来，占55.71％（见表4-33）。结果表明，我国水产养殖行业的技术更新仍然主要依靠渔民自己和有关投入品的供货商。政府部门的技术推广体系在技术推广、培训方面存在较大问题。而且，饲料厂技术员进行专业技术指导时，带有明显的功利色彩，未必能替代渔业技术推广体系的功能和作用。

表4-33　专业技术人员来源

| 上海市 | | 自己邀请来 | 当地政府部门邀请来 | 相关单位邀请来 | 饲料厂 |
|---|---|---|---|---|---|
| | 样本数 | 45 | 0 | 16 | 53 |
| | 比例（％） | 39.47 | 0 | 14.04 | 46.49 |
| 广州市 | | 自己邀请来 | 当地政府部门邀请来 | 相关单位邀请来 | 饲料厂 |
| | 样本数 | 39 | 0 | 10 | 21 |
| | 比例（％） | 55.71 | 0 | 14.29 | 30.00 |

数据来源：问卷调查统计数据。

2）养殖技术规范或标准的来源。养殖技术规范或者标准是渔民从事安全养殖生产的技术保证。通过调查结果可知，上海市被调查渔民中绝大部分根本就没有获得相关养殖技术规范或者标准，只是按照惯例或者在毫无技术依据的情况下从事养殖生产，只有极少数渔民从买主或者批发市场处获得了相关的养殖技术规范或标准。广州市情况与上海市基本相似，大部分渔民只凭经验或感觉从事养殖生产（见表4-34）。结果表明，渔业产品质量安全管理体制和管理体系存在不少管理缺位和漏洞。

表 4-34　养殖技术规范或标准的来源

| | | 无 | 政府 | 买主 | 批发市场 | 协会 | 惯例 | 其他 |
|---|---|---|---|---|---|---|---|---|
| 上海市 | 样本数 | 29 | 0 | 18 | 1 | 0 | 98 | 0 |
| | 比例（%） | 19.59 | 0 | 12.16 | 0.68 | 0 | 66.22 | 0 |
| | | 无 | 政府 | 买主 | 批发市场 | 协会 | 惯例 | 其他 |
| 广州市 | 样本数 | 90 | 0 | 18 | 3 | 0 | 43 | 7 |
| | 比例（%） | 60.00 | 0 | 12.00 | 2.00 | 0 | 28.67 | 4.67 |

数据来源：问卷调查统计数据。

3）水产市场对渔业产品质量安全的检测情况。通过问卷调查结果可知，约有 2/3 的上海市被调查渔民回答说水产市场基本上从没对入场水产品进行过质量安全检测，只有约 1/3 的被调查渔民曾偶尔碰到水产市场对入场水产品进行质量安全抽检。广州市水产市场对入场水产品的抽检力度也不强（见表 4-35）。结果表明，工商、质监部门对水产市场上渔业产品的质量安全监管力度不够，存在较大管理漏洞。渔民在低法律风险和低违法成本情况下，也容易倾向选择机会主义行为谋取额外收益。

表 4-35　水产市场对渔业产品质量安全的检测情况

| | | 一直有 | 经常有 | 偶尔有 | 基本没有 | 从来没有 |
|---|---|---|---|---|---|---|
| 上海市 | 样本数 | 0 | 0 | 54 | 94 | 0 |
| | 比例（%） | 0 | 0 | 36.49 | 63.51 | 0 |
| | | 一直有 | 经常有 | 偶尔有 | 基本没有 | 从来没有 |
| 广州市 | 样本数 | 1 | 7 | 28 | 87 | 27 |
| | 比例（%） | 0.67 | 4.67 | 18.67 | 58.00 | 18.00 |

数据来源：问卷调查统计数据。

**（3）渔民对质量安全的认知水平、控制意向和控制行为**

1）渔民对渔业产品质量安全影响因素的认知情况。调查显示，上海市绝大部分被调查渔民认为影响渔业产品质量安全水平的主要影响因素是"安全成本太高"和"市场要求多变"；其次是选择"安全措施太难"

和"自己知识不够"。广州市调查情况也基本类似（见表4-36）。两地渔民对于渔业产品质量安全影响因素的考虑基本一致，都认为质量安全控制的高成本、低收益是导致渔业产品质量安全水平低下的最关键原因。

表4-36　被调查对象对渔业产品质量安全影响因素的认知情况

| | | 环境污染 | 影响因素多变 | 安全措施太难 | 安全成本太高 | 市场要求多变 | 自己知识不够 | 政府管理不到位 | 其他 |
|---|---|---|---|---|---|---|---|---|---|
| 上海市 | 样本数 | 11 | 4 | 87 | 143 | 138 | 71 | 12 | 0 |
| | 比例（%） | 7.43 | 2.70 | 58.78 | 96.62 | 93.24 | 47.97 | 8.11 | 0 |
| 广州市 | | 环境污染 | 影响因素多变 | 安全措施太难 | 安全成本太高 | 市场要求多变 | 自己知识不够 | 政府管理不到位 | 其他 |
| | 样本数 | 85 | 40 | 57 | 138 | 104 | 39 | 3 | 0 |
| | 比例（%） | 56.67 | 26.67 | 38.00 | 92.00 | 69.33 | 26.00 | 2.00 | 0 |

数据来源：问卷调查统计数据。

2）渔民对渔药效果的了解情况。渔药残留是渔业产品质量安全问题的重要来源之一。因此，渔民对渔药的了解情况和渔药使用情况都是本书调查分析的重点问题。调查结果显示，上海和广州两地有2/3以上的渔民对于渔药效果缺乏认识，不了解用药的机理、用法、用量和副作用。（见表4-37）。

表4-37　被调查对象对渔药效果的了解情况

| | | 了解 | 不了解 |
|---|---|---|---|
| 上海市 | 样本数 | 50 | 98 |
| | 比例（%） | 33.78 | 66.22 |
| 广州市 | 了解 | | 不了解 |
| | 样本数 | 46 | 104 |
| | 比例（%） | 30.67 | 69.33 |

数据来源：问卷调查统计数据。

3）渔民对滥用渔药不良影响的了解情况。通过调查可知，与多数渔民不了解渔药效果一样，两地的绝大多数渔民对滥用渔药的不良影响和后果缺少认识和了解（见表4-38）。据此可知，大部分渔民不了解各种渔药的正确使用方法和休药期，根本没有"慎用渔药、少用药"的意识，对滥用渔药产生的不良影响也缺少必要的从业认识。自然，在这种认知水平下，渔民极有可能在养殖过程中随意用药而不管是否对症下药，更不会考虑其滥用渔药行为对产品质量安全造成的不良后果。

表4-38 被调查对象对滥用渔药不良影响的了解情况

| | | 了解 | 不了解 |
|---|---|---|---|
| 上海市 | 样本数 | 36 | 112 |
| | 比例（%） | 24.32 | 75.68 |
| | | 了解 | 不了解 |
| 广州市 | 样本数 | 45 | 105 |
| | 比例（%） | 30.00 | 70.00 |

数据来源：问卷调查统计数据。

4）渔药使用情况。调查发现，上海市和广州市的被调查对象中分别有高达77.70%和67.33%的渔民存在使用无批准文号和许可证号渔药的情况，这对于渔业产品质量安全水平是个重大隐患问题（见表4-39）。如此高比例渔民可以随便购买、使用无批准文号和许可证号渔药的情况，说明政府部门在养殖投入品生产、销售和使用上存在巨大的职责缺失和监管漏洞。而渔民在对渔药认知水平不高和对法律法规与养殖标准不了解的情况下，极可能随意赴销售点随意购买渔药并任意使用渔药。

表4-39 被调查对象的渔药使用情况

| | | 无公害渔药 | 无批准文号和许可证号 |
|---|---|---|---|
| 上海市 | 样本数 | 76 | 115 |
| | 比例（%） | 51.35 | 77.70 |
| | | 无公害渔药 | 无批准文号和许可证号 |
| 广州市 | 样本数 | 28 | 101 |
| | 比例（%） | 18.67 | 67.33 |

数据来源：问卷调查统计数据。

5）渔民选购无公害渔药和饲料的意愿情况。本研究调查了当安全水产品的市场前景不确定时，渔民是否愿意选购无公害渔药和饲料。调查结果显示，即使市场前景不明确，上海市仍有50%的被调查渔民愿意选购无公害渔药和饲料从事安全水产品养殖生产，而广州市更有52%的被调查渔民愿意选购无公害渔药和饲料。

假如能切实解决安全水产品的生产成本问题，上海市被调查渔民中还会增加33%的渔民考虑选择无公害渔药和饲料；而广州市被调查渔民中也会增加28%的渔民考虑选择无公害渔药和饲料（见表4-40）。对于渔民来说，经济利益仍然是其考虑是否采取无公害渔药和饲料采购行为的重要影响因素。不过，相对水产企业来说，其决策单一性的好处已充分体现。

表4-40　不考虑生产成本时被调查对象选购无公害渔药和饲料的意愿情况

| | | 选择 | 不选择 |
| --- | --- | --- | --- |
| 上海市 | 样本数 | 123 | 25 |
| | 比例（%） | 83.11 | 16.89 |
| | | 选择 | 不选择 |
| 广州市 | 样本数 | 120 | 30 |
| | 比例（%） | 80.00 | 20.00 |

数据来源：问卷调查统计数据。

6）渔民对安全水产品分类的认知情况。目前水产市场上对水产品的分级基本为：普通水产品、无公害水产品、绿色水产品和有机水产品，其中无公害水产品、绿色水产品和有机水产品统称为"安全水产品"。通过调查结果可知，被调查渔民相比水产企业更不了解安全水产品分类情况，上海市超过2/3的渔民清楚地表示不了解这种水产品分类。广州市调查结果稍好于上海市，但也有超过1/3的渔民表示不了解或不知道这种水产品分类（见表4-41）。渔民对安全水产品分类缺乏必要的认识，自然也就难以进行安全水产品养殖行为决策，更无可能付诸于安全水产品生产和供应活动。

表 4-41　被调查对象对安全水产品分类的认知情况

| | | 了解 | 不太了解 | 不了解 | 不知道 |
|---|---|---|---|---|---|
| 上海市 | 样本数 | 0 | 43 | 105 | 0 |
| | 比例（%） | 0 | 29.05 | 70.95 | 0 |
| | | 了解 | 不太了解 | 不了解 | 不知道 |
| 广州市 | 样本数 | 12 | 83 | 50 | 5 |
| | 比例（%） | 8.00 | 55.33 | 33.33 | 3.33 |

数据来源：问卷调查统计数据。

7）渔民对不安全水产品不良影响的认知情况。根据调查结果显示，上海市所有被调查渔民都认为不安全水产品将会对消费者健康和生态环境造成影响，而且广州市绝大多数的被调查渔民对此也持有相同观点（见表 4-42）。总体说来，渔民比较了解和清楚不安全水产品的不良影响，此认知对于渔民关注质量安全和采取安全养殖行为具有良好的积极作用。

表 4-42　被调查对象对不安全水产品不良影响的认知情况

| | | 生态环境 | 消费者健康 | 其他 |
|---|---|---|---|---|
| 上海市 | 样本数 | 148 | 148 | 0 |
| | 比例（%） | 100 | 100 | 0 |
| | | 生态环境 | 消费者健康 | 其他 |
| 广州市 | 样本数 | 130 | 123 | 0 |
| | 比例（%） | 86.67 | 82.00 | 0 |

数据来源：问卷调查统计数据。

8）渔民的品牌保护意识。根据表 4-43 中结果显示，上海市被调查渔民中有 85.81% 的渔民考虑会依靠法律途径进行解决；剩余的渔民会考虑依靠媒体公开的途径解决问题。广州市被调查渔民中 2/3 的渔民也考虑采取法律手段解决问题。这说明两地渔民的法律保护意识都非常强，当企业品牌受到假冒伪劣等危害时，懂得可以采取法律诉讼行为保护和维护企业声誉。

表 4-43　被调查对象的品牌保护手段

| | | 政府 | 法律 | 媒体 | 自己 | 其他 |
|---|---|---|---|---|---|---|
| 上海市 | 样本数 | 0 | 127 | 21 | 0 | 0 |
| | 比例（%） | 0 | 85.81 | 14.19 | 0 | 0 |
| | | 政府 | 法律 | 媒体 | 自己 | 其他 |
| 广州市 | 样本数 | 7 | 100 | 12 | 31 | 0 |
| | 比例（%） | 4.67 | 66.67 | 8.00 | 20.67 | 0 |

数据来源：问卷调查统计数据。

9）渔民对政府部门的需求。政府是加强渔业产品质量安全管理的关键主体，对于渔业产品质量安全管理，政府部门的作用不可替代。鉴于当前我国的渔业现状和特点，渔民从加大渔业补贴、完善渔业法律法规、加强渔药监管、加强渔业执法、推动市场准入等各方面对政府提出了迫切且强烈的需求（见表 4-44）。政府部门在不少方面亟需加强和完善渔业产品质量安全管理，如渔药监管、渔业执法等，以便营造渔民采取安全养殖行为的良好外部环境。

表 4-44　被调查对象在渔业产品质量安全方面对政府部门的需求

| | | 完善法规 | 加大补贴 | 加强渔药监管 | 加强渔业执法 | 推动市场准入 | 其他 |
|---|---|---|---|---|---|---|---|
| 上海市 | 样本数 | 0 | 100 | 30 | 0 | 18 | 0 |
| | 比例（%） | 0 | 67.57 | 20.27 | 0 | 12.16 | 0 |
| | | 完善法规 | 加大补贴 | 加强渔药监管 | 加强渔业执法 | 推动市场准入 | 其他 |
| 广州市 | 样本数 | 47 | 100 | 36 | 22 | 53 | 0 |
| | 比例（%） | 31.33 | 66.67 | 24.00 | 14.67 | 35.33 | 0 |

数据来源：问卷调查统计数据。

## 4.3　渔民对水产品安全养殖投入意愿的计量分析

所谓水产品安全养殖投入意愿，即指生产者采取无公害养殖技术，养殖安全、优质水产品愿意投入多少成本的意愿。众多研究一致表明，影响生产者对水产品安全生产的认知程度和投入意愿的因素主要包括渔民的受教育程度、家庭人口、养殖规模、养殖收入占家庭总收入的比例、对水产品安全生产的认知程度等。影响因素稍有差异，生产者对渔业产品质量安全的认知和投入意愿就会不同。为深入探析生产者的认知和意愿差异，利用问卷调查获得的信息和数据，选择 Logit 回归模型为渔民对水产品安全养殖的投入意愿进行计量分析。

### 4.3.1　安全养殖行为投入意愿的理论模型

对于因变量是分类变量的问题，利用计量模型研究时可以选择分类选择模型。依据因变量的分类种类，可将分类选择模型分为二元选择模型（Binary Choice Model）和多元选择模型（Multiple Choice Model）。二元选择模型的因变量只有两种选择，如分别用 0 和 1 表示。多元选择模型存在多种选择，如分别用 0、1、2、3 和 4 表示。

二元选择模型是一种因变量只有两种选择的计量回归模型。例如因变量分别用 1 和 0 表示，而自变量可以根据需要自行设定数量，因此，可以按矩阵形式定义模型形式为：

$$y = \beta X + \mu, \quad y = 0 \text{ 或 } 1 \tag{4-1}$$

此时，将因变量与自变量做简单的线性回归是错误的，因为首先 $y$ 的拟合值也不可能限定在 0 和 1 之间，其次模型的残差项有假定条件不能满足。因此，为了解决此问题，可以采取该办法：假设一个与 $x$ 有关的指标变量 $y^*$，用 $y^*$ 是否超过一个临界值来决定 $y$ 的取值为 0 或者 1（通常取 0 作为临界值，$y^* > 0$ 则 $y$ 取值 1，否则取值 0），即建立下式：

$$y^* = \beta X + \mu^*  \qquad （4-2）$$

为了能对总体特征和所考察事件发生的概率做量化分析，需要考虑观察值的概率模型：

$$P(y_i = 1 | X_i, \beta) = P(y_i^* > 0)  \qquad （4-3）$$

$$= P(\mu_i^* > -\beta X_i')$$

$$= 1 - F(-\beta X_i')$$

这个概率值就是自变量取一组数值时，$y$ 取值为 1 的条件概率。其中 $F$ 函数是假设残差项 $\mu^*$ 的连续分布函数，它的选择决定了二元选择模型的类型，于是，用该概率代替原有的因变量就有下式：

$$P(y_i = 0 | X_i, \beta) = F(-\beta X_i')  \qquad （4-4）$$

在这样的定义下，就可以用极大似然估计发估计模型的参数。对数似然函数为：

$$\log L(\beta) = \sum_{i=0}^{n} \left\{ y_i \log [1 - F(-\beta X_i')] + (1 - y_i) \log F(-\beta X_i') \right\}  \qquad （4-5）$$

当 $F$ 确定后，可以通过 [式（4-5）] 最大化的一价条件求解模型参数估计量。需要注意的是：设立模型时输入的是 $y$ 的观测值，但估计对象不是原始模型 [式（4-1）]，而是模型 [式（4-2）]。

根据 $F$ 的不同，二元选择模型可以有不同的类型，表 4-45 是常用的几种二元选择模型。在不同假设条件下，将不同的分布函数 $F$ 代入 [式（4-5）]，就能够得到相应的参数估计值。在实际应用中，Logit 模型应用相对比较广泛。

表 4-45　常用的二元选择模型

| $\mu^*$ 对应的分布 | 分布函数 | 相应的二元模型 |
| --- | --- | --- |
| 标准正态分布 | $\phi(x)$ | Probit 模型 |
| Logistic 分布 | $\dfrac{e^x}{1 + e^x}$ | Logit 模型 |
| I 型极值分布 | $1 - \exp(-e^x)$ | Extreme Value 模型 |

### 4.3.2　变量选择和计量模型设定

根据上述理论模型，由于本研究因变量只有两种，即是否采取无公害安全养殖技术，这是一个二元选择问题，因此可以采用 Logit 模型研究该问题。本书假设影响渔民对水产品安全养殖行为的投入意愿的因素主要有：渔民的受教育程度、家庭人口、养殖规模、养殖收入占家庭总收入的比例等。因此，消费者购买安全水产品的 Logit 回归模型可以表示为：

$$y^* = \beta_0 + \beta_1 X_1 + \beta_2 X_2 + \beta_3 X_3 + \cdots + \beta_9 X_9 \qquad (4-6)$$

假设渔民按照常规办法和个人经验进行养殖生产时，$y^*$ 用 0 表示；如果渔民采用无公害安全养殖技术时，$y^*$ 则用 1 表示。各变量的定义和平均值见表 4-46，为了简便，个别变量还做了归类处理。

表 4-46　模型中变量的定义

| 变量名 | 定义 | 上海市平均值 | 广州市平均值 |
| --- | --- | --- | --- |
| Education | 受教育程度。文盲为 1；小学为 2；初中为 3；高中为 4；高中以上为 5 | 4.892 | 4.580 |
| Population | 家庭人口。具体家庭人数直接定义为模型赋值，如一人为 1；两人为 2；三人为 3 等 | 2.642 | 1.573 |
| Acreage | 养殖规模（亩）。由于上海和广州两地渔民的养殖面积相差较大，因此需要分别进行假设，针对上海渔民的假设：小于 10 亩为 1，10～19 亩为 2，20～29 亩为 3，30 亩以上为 4；针对广州渔民的假设：30 亩以下为 1，30～59 亩为 2，60～89 亩为 3，90 亩以上为 4 | 3.128 | 3.067 |
| Sale | 产品销售目的地。产地批发市场为 0，销地批发市场为 1，超市、自己加工、其他加工厂和其他为 2。假如同时有多个销售目的地，采取就高原则 | 0.351 | 0.400 |
| Proportion | 养殖收入占家庭全部收入的比例。10% 以下为 1；10%～29% 为 2；30%～49% 为 3；49%～99% 为 4；100% 为 5 | 3.176 | 3.133 |

（续表）

| 变量名 | 定义 | 上海市平均值 | 广州市平均值 |
|---|---|---|---|
| Income | 渔民家庭收入在当地的收入情况。家庭收入低为0，收入中为1，收入高为2 | 0.662 | 0.500 |
| Technology | 渔民有无养殖技术指导。无为0，有为1 | 0.770 | 0.467 |
| Inspection | 水产市场对渔业产品质量安全的检测情况。从来没有和基本没有为0，偶尔有为1，经常有2，一直有为3 | 0.365 | 0.273 |
| Safety | 是否了解安全养殖操作相关知识。了解为1，不了解为0 | 0.338 | 0.307 |

### 4.3.3 上海市渔民的投入意愿

根据上述模型理论和变量选择，利用问卷调查获取的数据，通过 Eviews5.0 软件针对上海市渔民对水产品安全养殖行为的投入意愿进行二元 Logit 回归分析。表 4-47 是使用了所有变量进行回归后的分析结果。

表 4-47　使用所有变量进行 Logit 回归分析后的模型参数（上海）

| Variable | Coefficient | Std. Error | z-Statistic | Prob. |
|---|---|---|---|---|
| C | 1.735 144 | 2.179 083 | 0.796 273 | 0.425 9 |
| Population | −0.122 104 | 0.192 759 | −0.633 453 | 0.126 4 |
| Acreage | −0.337 708 | 0.236 852 | −1.425 821 | 0.153 9 |
| Education | −0.245 097 | 0.523 503 | −0.468 186 | 0.639 7 |
| Sale | −0.346 714 | 0.366 299 | −0.946 531 | 0.143 9 |
| Proportion | −0.240 558 | 0.297 413 | −0.808 833 | 0.118 6 |
| Income | 1.057 597 | 0.380 598 | 2.778 774 | 0.055 0 |
| Technology | 0.514 740 | 0.436 724 | 1.178 639 | 0.138 5 |
| Inspection | 0.225 459 | 0.375 674 | 0.600 145 | 0.148 4 |
| Safety | 0.742 250 | 0.383 342 | 1.936 259 | 0.052 8 |

### 4.3.4　广州市渔民的投入意愿

根据上述模型理论和变量选择，利用问卷调查获取的数据，通过 Eviews5.0 软件针对广州市渔民对水产品安全养殖行为的投入意愿进行二元 Logit 回归分析。表 4-48 就是使用了所有变量进行回归后的分析结果。

表 4-48　使用所有变量进行 Logit 回归分析后的模型参数（广州）

| Variable | Coefficient | Std. Error | z-Statistic | Prob. |
|---|---|---|---|---|
| C | 4.194 511 | 1.800 629 | 2.329 471 | 0.019 8 |
| Population | −0.117 375 | 0.180 135 | −0.651 597 | 0.114 7 |
| Acreage | −0.402 615 | 0.342 530 | −1.175 415 | 0.139 8 |
| Education | −0.264 027 | 0.406 654 | −0.649 268 | 0.516 2 |
| Sale | −0.608 300 | 0.402 282 | −1.512 124 | 0.130 5 |
| Proportion | −0.350 543 | 0.220 962 | −1.586 439 | 0.112 6 |
| Income | 0.682 693 | 0.458 640 | 1.488 515 | 0.036 6 |
| Technology | 0.011 714 | 0.453 478 | 0.025 832 | 0.179 4 |
| Inspection | 0.029 647 | 0.421 856 | 0.070 276 | 0.144 0 |
| Safety | 0.725 443 | 0.520 527 | 1.393 670 | 0.063 4 |

### 4.3.5　结论

本书选择 15% 的显著性水平，从上面的结果可以看出，渔民家庭收入情况和是否了解安全养殖操作相关知识的显著性最高，受教育程度的回归结果不显著，其他变量的显著性基本在可接受范围之内。

1）家庭人口的系数均为负值，家庭人口越多，渔民对于水产品安全养殖行为的投入意愿会随之降低。

2）养殖规模的系数为负值，说明养殖规模越大，渔民反而更不愿加大对水产品安全养殖行为的投入。假如有水产病害发生，采取水产品安全养殖操作技术后无法使用更多的水产药物，从而可能会导致损失更大。

3）产品销售目的地的系数为负值，说明产品销售在当地的，为了维持合作和交易关系，渔民倾向于投入成本提高产品的质量安全水平；假如产品主要销售于外地，鉴于风险低、违法成本低、持续交易概率较低等原因，渔民倾向于采取投机行为。

4）养殖收入占家庭全部收入比例的系数为负值，说明比例越高，家庭收入来源越单一，渔民越舍不得投入成本采用安全养殖技术；比例越低，家庭收入来源越复杂，越倾向于采用安全养殖技术。

5）渔民家庭收入情况和是否了解安全养殖操作相关知识的系数为正值，而且显著性最高，说明渔民家庭收入在当地越高，越倾向于采取安全养殖技术；收入相对越低，越容易采取保守做法，以传统方式从事养殖作业。对安全养殖操作相关知识了解越透彻，渔民越倾向于采取相关措施控制养殖危害，提高产品质量安全水平。

6）渔民有无养殖技术指导和水产市场对渔业产品质量安全的检测情况的系数为正值，且显著性在可接受范围之内，说明渔民越了解先进养殖技术，市场对质量安全要求更高，违法成本越高，渔民对于采取安全养殖技术的意愿也就越高，反之亦然。

## 4.4 本章小结

1）目前水产市场是一个不完全竞争、信息严重不对称、不确定因素繁多的市场。在这种市场条件下，水产企业无法按照均衡市场行为决策进行生产安排，其行为选择也千差万别，充斥着各种机会主义行为，各企业都有可能因为自身行为给渔业产品质量安全产生不同程度的影响。

2）水产企业安全生产行为的主要影响因素可以分为三类，即：外部环境、内部环境及质量管理相关要素。内部环境主要包括：企业质量目标、品牌战略、企业信用、企业规模、经营性质、生产方式、产品种类。外部环境主要包括：法律法规、技术规范、市场情况、媒体监督、同类企业情况、出口要求、政府监管。质量管理相关要素主要包括质量安全信息、企业生产记录、水质检测、产品检测、质量认证和政府例行监测等要素。

3）水产企业对产品质量安全的认知水平。多数企业明白不安全水产品的不良影响和质量安全管理的重点环节，但不了解安全水产品分类，不清楚水产品认证的作用或对认证作用缺乏信心，也缺乏生态环境保护的概念。此外，高达 1/3 的企业根本不了解滥用渔药的负面影响。

4）水产企业对产品质量安全的控制意向。大部分企业的法律风险意识较为浓厚，非常看重企业品牌保护，利用法律途径保护品牌的意识也较强。但是，由于成本投入过高且对回收成本的期望不高，多数企业不愿采用安全水产品生产技术，也缺乏申请认证的主动性和积极性，不过其行为选择容易受到同类企业行为的影响。另外，大部分企业对政府部门在加大补贴、加强渔药监管、推动市场准入和完善法律法规等方面有强烈需求。

5）水产企业对产品质量安全的控制行为。目前，仅有少数企业申请和通过了产品认证。多数企业遵纪守法的主动性普遍不高，在品牌建设方面几乎仍为空白，缺少质量安全信息获取途径，在产品出厂检验环节存在较大的质量安全漏洞。而且，由于成本较高、回报预期不佳，企业缺乏采用质量安全控制措施的积极性和驱动力。此外，各个企业的生产记录极不规范和统一。

6）渔民安全养殖行为的主要影响因素可以分为三类，即：经济因素、非经济因素以及外部环境。经济因素主要包括：产量情况、销售情况、投入品成本、养殖效益、渔业收入占家庭收入比例情况。非经济因素主要包括：渔民个人情况、生产方式、技术培训、行业组织、环保意识、健康意识。外部环境主要包括：投入品销售和其他渔民行为。

7）渔民对质量安全的认知水平、控制意向和控制行为。多数渔民均认为养殖环节影响产品质量安全水平的最主要因素在于"安全成本过高"和"市场要求多变"。仅有少数渔民了解渔药效果和滥用渔药的不良影响，多数渔民存在乱用药和滥用药现象。价格是影响渔民选购和使用无公害渔药和配合饲料的决定性因素。绝大多数渔民不了解安全水产品分类情况。

8）利用计量模型研究渔民对安全养殖行为的投入意愿发现，家庭人口、养殖规模、产品销售目的地、养殖收入占家庭全部收入比例等变量的系数均为负值，且显著性在可接受范围之内；渔民家庭收入情况和是否了解安全养殖操作相关知识的系数为正值，而且显著性最高；渔民有无养殖技术指导和水产市场对渔业产品质量安全的检测情况的系数为正值，显著性也在可接受范围之内；受教育程度的回归结果不显著。

# 第 5 章　渔业产品质量安全的经营者行为分析

经营者是渔业从业人员的重要组成。由于参与渔业产品经营的主体日益多元化，流通渠道变得多样化，经营方式也日渐丰富，因此经营者所处的市场流通环节是水产品生产供应链中最复杂、最难分析的一个环节。但渔业产品市场流通作为连接生产与消费、供给与需求的纽带，是产品从池塘到餐桌的重要组成部分之一，对于渔业产品质量安全管理有着重要意义。本章在分析水产市场状况和市场体系的基础上，深入剖析了经营者行为对渔业产品质量安全的影响。

## 5.1　渔业产品市场状况

### 5.1.1　渔业产品流通渠道

渔业产品流通渠道，是渔业产品从生产领域到消费领域所历经的所有途径和过程。流通渠道的复杂程度和社会经济发展水平相适应，只有生产专业化和分工的日益细化方能使流通由简单变得复杂化。我国自1985 年取消水产品统购统销和 1992 年全面放开水产品经营以来，水产品流通已形成了国有、集体、个体等多种经济成分共同参与和相互竞争的多渠道经营格局。

国有商业是指国有水产供销企业、国有水产加工厂、国有副食商店、国有水产市场等各种国有水产经济成分。国有商业在各种流通渠道中先天性实力最雄厚、体系最健全，具有其他经济成分难以比拟的资金、人员、信息和信誉等方面的优势，一直在渔业产品流通领域中占据主导地位。

集体商业是各经营户自发组织起来的集体所有制商业。通常，他们实行资金入股、统一经营、统一核算、自负盈亏，经营机制比较灵活，极具活力，又能避免个体经营在资金、信息、人力等方面的短缺，因此在渔业产品流通中发挥着越来越大的作用，成为渔业产品流通领域一支不可忽视的力量。

个体商业主要是指个体加工户、个体贩运户、个体批发零售商以及自产自销户等个体性质的经营者。通常，他们自筹资金，使用简单的设备和工具从事渔业产品的收购、加工以及批发和零售。由于其分布面广、经营方式灵活，销售场所和途径不拘一格，弥补了国有商业和集体商业在经营方式、地点分布、经营品种等方面不足，市场占有率迅猛提高。

我国渔业产品流通渠道按其复杂程度及其分工情况，大体可以分为三类：①渔民的自产自销和产销直挂；②生产者直接通过零售商将水产品送到消费者手中；③生产者和消费者之间不但有零售商，还有一级或多级中间批发商（见图5-1）。自产自销方式虽然简单，但是在当前社会经济发展水平下仍有巨大生存空间。产销直挂则离不开销联合体的出现和发展，它将渔业产品的生产、加工、销售结合在一起，实现了生产、加工和销售的一条龙经营。产销联合体主要以三种形式存在：①国有渔业供销企业与规模化养殖场（或捕捞公司）和批发零售商组成的联合体；②当地的渔业相关企业组成的联合体，涉及产、供、销一条龙；③水产企业以契约形式与水产市场组成的联合体。各种流通渠道都有其存在的原因和生存、发展空间，它们都很好地疏通了生产、加工、批发、零售中几者或全部环节，使之有机结合起来，扬长避短，充分发挥各经济成分各自的优势，既丰富了渔业产品流通渠道，也理顺和拓展了创收通途。

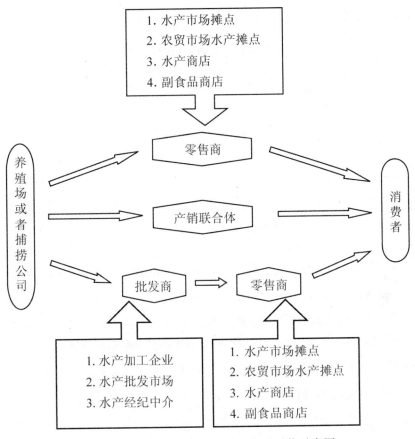

图 5-1　渔业产品流通渠道和流通环节示意图

### 5.1.2　国内水产市场

　　渔业产品对于我国粮食安全和食物营养具有不可替代的重要价值。截至 1999 年，根据有关资料显示，我国水产品专业批发市场已发展到 333 个，其中城市有 169 个，农村 164 个，在全国水产主产区、主销区和主要集散地设有 13 个农业部定点专业批发市场。大部分批发市场集收购、冷藏、运输、批发、零售等功能于一体，涉及生产者、经营者以及最终消费者。1999 年，全国水产品批发市场成交量达 $330 \times 10^4$ t，销售额达到 379 亿元，同比增长 25.4% 和 23.8%。销售额列全国前 5 位省市的情况参见表 5-1，由高至低依次为：浙江、江苏、广东、上海和山东。

表 5-1　1999 年全国销售额位居前 5 位的省市

| 排名 | 省市 | 市场数量（个） | 成交量（$\times 10^4$ t） | 销售额（亿元） |
|---|---|---|---|---|
| 1 | 浙江 | 39 | 54.4 | 84.13 |
| 2 | 江苏 | 67 | 77.9 | 84.13 |
| 3 | 广东 | 27 | 38.7 | 59.21 |
| 4 | 上海 | 10 | 12.3 | 49.63 |
| 5 | 山东 | 46 | 49.4 | 36.81 |

资料来源：国家工商管理局统计资料。

不管农贸市场规模大小，几乎所有农贸市场均设有水产品相关的个体零售摊点，尤其对于水产品主产区和主销区，水产品零售交易异常活跃。由于农贸市场往往距离居民区较近，经营方式灵活，方便消费者零卖，市场占有率提高很快。根据孙琛于 2000 年的研究结果显示，截至1995 年，农贸市场零售水产品的数量和销售额已占水产市场零售总量和总销售额的 67.04％ 和 70.21％，因此，水产品在农贸市场中的零售方式其重要性已经超出了国有经营和集体经营等经营方式，在水产品零售市场中占据绝对的主导地位。

随着水产市场数量和交易量的迅速增加，水产市场信息网络也自然应运而生并逐步得到发展和完善。早在 1993 年，农业部渔业局就与中国市场流通与加工协会、农业部信息中心共同组建了中国水产市场信息网络，近年来更是快速发展和完善，目前成员单位已经超过 140 家。

2007 年前三季度全国居民消费价格比上年同期增长 4.1％。其中肉禽及其制品和蛋类产品消费价格同比增长幅度最大，分别达到 29.1％ 和26.2％。而水产品消费价格相对稳定，同比只增长了 4.6％，其中城市水产品消费价格同比上涨为 4.0％，农村水产品消费价格同比增长则达到了 5.8％，农村居民的水产品消费价格增长幅度明显高于城市居民。根据中国渔业政府网（www.cnfm.gov.cn）的 72 家水产品批发市场 49 种水产品的价格监测数据，2007 年前三季度水产批发市场价格同比上涨仅有 3.57％，其中海水产品价格同比上涨 4.2％，淡水产品价格同比上涨 2.78％。

2007 年前三季度，海水产品中价格同比涨幅最大的是海藻类产品，达 16.04％，头足类、贝类、甲壳类和海水鱼类产品价格同比增长分别为 7.47％、6.57％、2.3％和 2.01％。根据各月情况看来，其中 1—2 月份海水产品价格增长强劲，3—4 月份价格有所回落，5—6 月份价格比较平稳，9 月份因海洋捕捞水产品大量上市价格出现下降。而淡水产品中价格同比增长最大的是除淡水鱼类和淡水甲壳类之外的其他淡水水产品，达 19.38％，而淡水鱼类和淡水甲壳类产品同比增长仅分别为 1.91％和 2.48％。根据各月情况看来，1—5 月份淡水鱼类产品和淡水甲壳类价格总体持续低速增长，进入 6 月份后因市场供应增加而致使这两类产品价格有所回落；其他淡水水产品在不同月份中价格振荡较大，出现较大同比增幅。

### 5.1.3　水产品进出口

20 世纪 50 年代到 80 年代，我国水产品国际贸易主要以出口为主，其中又以海产品为核心。这一阶段我国海洋渔业发展起伏不定，水产品对外贸易行情波动较大，而且该时期国内粮食和副食品供应也相对紧张和短缺，水产品作为解决食品数量安全的重要途径之一，出口数量一直不大，1985 年我国水产品出口也仅有 $38.33 \times 10^4$ t，出口量不足我国水产品总产量的 5％，出口额低于 10 亿美元。

90 年代以后，随着我国水产品产量的大幅增长以及粮食供应基本实现自给自足之后，水产品出口量迅速增长，出口品种结构逐渐优化，出口市场不断扩大，出口额迅猛上升。出口品种从四大家鱼、鲫鱼、鲤鱼、冰鲜鱼、冷冻鱼（鱼片）、干咸鱼、冷冻对虾、虾米等发展到淡、海水性鱼类、虾蟹类、贝类、藻类等的鲜活产品、冰鲜产品、冷冻产品及加工制品，共涉及 60 多个品种。

根据国家海关统计，目前我国已经与国际上 70 多个国家和地区建立了水产品出口贸易关系，并在世界水产品贸易中占据了重要地位。2006年，我国出口水产品 89.7 亿美元，同比增长 19.0%，远高于同期农产品出口增长 14.1% 的速度，占我国农产品出口总额的 28.9%，继续保持第一大农产品出口类别的地位，全年对农产品出口总体增长拉动超过 5%。

从我国水产品出口结构看，对虾和对虾加工产品出口增长明显，2007 前三季度出口额达到 6.81 亿美元，但因部分进口国加强对对虾药物残留的检测致使对虾出口受到影响，出口同比增长仅 3.41%，但其仍占水产品总出口额的 9.78%，是我国水产品出口的最大品种。而在我国出口水产品中一直占据重要地位的烤鳗，近年来出口额增长有所放缓，2007 年前三季度出口额仅为 4.85 亿美元，同比增长只有 9.62%，占水产品出口总额的 6.97%。鱿鱼和乌贼产品出口继续下降，同比降幅达12.68%。

我国每年水产品在大量出口的同时，也从外国大量进口各种水产品以及水产制品。我国的水产品进口主要始于 20 世纪 90 年代，水产品进口从无到有发展迅猛，而且品种丰富。进口初期的进口产品主要是以亲体、鱼苗、鱼粉和鱼油，后来还逐步发展到进口高档水产品，如三文鱼、金枪鱼等。不过，饲料用鱼粉的进口一直位居进口量首位，每年的进口量和进口额通常分别能占到总值的 65% 和 50% 左右。

近几年我国最大的进口水产品来源国是俄罗斯，其次就是秘鲁、美国和智利等国家。2007 年前三季度，我国从俄罗斯、秘鲁、美国和智利进口的水产品价值占我国水产品进口总额的 62.85%，其中，仅从俄罗斯进口的水产品进口额就达 10.89 亿美元，同比增长 16.16%，占总进口额的 29.69%。从美国和智利进口的水产品进口额同比均持续增长，但是从秘鲁进口的水产品进口额同比出现了下降，同比下降 14.28%。

## 5.2 渔业产品流通及市场体系建设情况

### 5.2.1 主要经营品种及经营特点

（1）鲜活水产品

鲜活水产品，主要包括鲤鱼、草鱼、鲂鱼、鳙鱼、鲫鱼、河蟹、梭子蟹、锯缘青蟹、中国对虾、日本对虾、南美白对虾、梭鱼、鳜鱼、鲈鱼、各种贝类等常见品种以及鲆鲽鱼、鲶鱼、黄鱼、鲟鱼、乌鳢、中华鳖、鳗鱼、黄鳝、虹鳟鱼、河鳗、黄颡鱼、象牙蚌等相对少见品种。

各类鲜活水产品本身价格差异很大，即使同一产品在不同地区、不同场所和不同时间销售，其价格也存在较大差异。以北京市场为例，鲤鱼（600～1 000 g规格）在超市能以10元/kg的价格销售，但在农贸市场每千克只要6元多点，到了水产批发市场每千克大概只要4～5元；鳜鱼（750～1 500 g规格）在超市能卖到60元/kg，农贸市场却只要40元/kg左右即可，到了水产批发市场大约30元/kg就能买到等等。

（2）冰鲜水产品

冰鲜水产品，主要包括带鱼、鲳鱼、黄鱼、鲆鲽鱼、鱿鱼、海鲈、梭鱼、鳙鱼、比目鱼、对虾、梭子蟹、墨鱼、鲅鱼等常见品种以及偏口鱼、加吉鱼、老板鱼、针鱼、金线鱼、多春鱼等相对少见品种。

冰鲜水产品与鲜活水产品一样，同一产品在不同地区、不同场所和不同时间价差很大，最高价与最低价可能相差达数倍之多。以北京市场为例，带鱼（300～400 g规格）每千克在超市最高能卖到40元左右，在农贸市场最高一般也不过20多元，而在水产批发市场一般只要15元左右即可；养殖黄鱼（400～600 g规格）通常每千克在超市能卖到40元左右，农贸市场大概也能卖到30多元，而在水产批发市场一般也需要25元左右等等。

（3）冷冻水产品

冷冻水产品，分为鱼组冻鱼和小包装冷冻水产品。其中鱼组冻鱼主要包括对虾、龙虾尾、各类鱼丸、小带鱼、小黄鱼、小鲆鰈鱼、鳗鱼段、马哈鱼片、扁口鱼片、鲷鱼片、鳕鱼片、进口野生黄鱼等；小包装冷冻水产品主要有盒装带鱼、袋装或盒装黄鱼、袋装或盒装鲳鱼、盒装草虾、盒装明虾、袋装带鱼段、比目鱼、鳕鱼片、鲷鱼片、银鱼、多春鱼、贝柱、牡蛎、海鲜杂拌、墨鱼仔、鱿鱼圈等。

冷冻水产品在不同地区、不同场所和不同时间的价差也较大。以北京市场为例，小带鱼（100 g 左右的规格）每千克在超市大约需要 10 多元左右，在农贸市场一般不过 7 ~ 8 元；鱿鱼（200 g 以上的规格）每千克在超市一般需要 20 元左右，而在农贸市场也就十几元就能买到；鱼丸每千克在超市一般都得 20 元左右，而在农贸市场及批发市场一般只有十几元等等

（4）水产罐头

水产罐头可以分为海水产品罐头和淡水产品罐头，其中海水产品罐头主要包括黄鱼、鲅鱼、沙丁鱼、带鱼、金枪鱼、凤尾鱼、鲻鱼、鲭鱼、鲱鱼、沙刀鱼、墨鱼、扇贝、贻贝、海螺等；淡水产品罐头主要包括鲮鱼、鲫鱼、罗非鱼、福寿鱼、鲂鱼、香鱼、淡水蟹、蟹肉、螺片、鱼籽等。

水产罐头的销售终端一般在于国内超市或者出口外销，很少有水产罐头在农贸市场进行销售。不过，水产罐头的销售途径一般分为两类：一类是水产加工企业直接推销给超市或者直接出口给外商；另一类是水产加工企业首先将产品售给中间批发商，再由一级或多级批发商在专业的水产批发市场批发转售给超市、食品商店或者外商。对于最终消费者来说，前一类的中间途径少，一般售价也相对低廉些；后一类中间途径相对多，层层加价，最终售价相对会高些。

（5）经营特点

目前我国水产品经营主要以初级水产品为主、水产加工品为辅、深加工水产品稀少。主要销售终端为水产专业市场、农贸市场、超市、食品便利店、食品商店等。大部分消费者，尤其是普通居民和收入偏低居民，主要从水产专业市场、农贸市场、食品便利店购买各类水产品；少

数消费者的购买场所主要以超市为主。相对说来，这些销售场所中，超市中的价格往往高于其他场所，但是，由于水产品摆放整洁、购物环境好、保鲜和储藏条件好等原因，更容易吸引部分高收入者进入消费。很多大中型宾馆、酒店、饭店、机关食堂、学校食堂、医院食堂等则会从水产批发市场、农贸市场订货采购或者直接让生产经营者协议供货。

各类水产销售场所的分工明显。大部分水产市场只专门经营一个类别的水产品，以广东水产市场为例，广州黄沙水产交易市场主要经营各类鲜活水产品；广州鱼市场主要经营各种冰鲜水产品；佛山环球水产贸易市场主要经营鲜活淡水水产品。大型菜市场和中型以上超市中的水产柜台上销售的水产品以冰鲜水产品、小包装冷冻水产品、即食产品等为主，另外还有部分鱼糜制品。在冷冻柜中进行销售的水产品大多是初加工水产品、分装产品和部分深加工水产品。

市场上销售的深加工水产品相对稀少，常见的深加工水产品主要就是烤鱼片、鱼丸、虾丸、墨鱼丸、鱿鱼丸、鱼香肠、鱼肉松、鱼排等海产品。尤为特殊的是，市场上几乎没有淡水深加工产品。另外，水产品销售品种与地域性水产品消费习惯紧密相关，在江浙、广东等地区居民喜食鲜活海产品，所以市场销售水产品也主要以鲜活海产品为主；湖南、湖北、四川等众多内陆地区以淡水鱼消费为主，所以市场上极少有鲜活海水产品出现在这些地区的水产市场或农贸市场里。对于鲜活水产品，由于时间对于保证水产品存活非常重要，而在各种经营方式中又以个体经营方式最为灵活，因此，经营鲜活水产品的几乎全是个体户。而对于冰鲜水产品、冷冻水产品、水产罐头等其他水产品，经营方式显得多种多样。

### 5.2.2　渔业产品市场体系建设情况

虽说，近年来我国在渔业产品主产区和主销区不断兴建了一大批水产专业市场，并为渔业产品交易各方包括生产者、经营者和消费者提供了良好的交易场所、产品质量检验、保鲜保活、储存、运输、市场信息、质量安全信息等各方面的服务。有关部门还加大了对水产市场的监管力度，逐步规范了市场行为，并在部分市场试点推行了市场准入机制。近年来，全国水产品市场信息网络平台也不断发展和完善，成员单位不断增加，已经发展成为水产品生产经营者和各级渔业行政主管部门制定政策和实施监管的重要依据。

但是，市场体系建设和渔业产品流通环节中存在的问题仍然是制约渔业经济发展、规范渔业产品生产经营的关键薄弱环节，主要体现在几个方面：①渔业产品市场体系各要素发展速度不一致。终端销售的农贸市场、菜市场、便利店等发展迅猛，但是水产专业性批发市场发展缓慢。②水产市场在管理和服务上滞后。除了一些大中型的水产市场之外，大部分水产市场和农贸市场都是规模较小、吞吐能力弱、设施简陋，在一定程度上只能简单称之为交易场所，说不上为水产交易提供相关服务，更谈不上市场管理。③大部分水产市场交易方式比较落后，市场管理不规范，缺乏切实可行的管理制度，难以监督和约束水产经营不法投机行为。④渔业信息体系建设有待深化和拓展。现有渔业信息体系基本都是围绕市场价格和交易量的，几乎没有针对产品质量安全、可追溯等方面的信息平台。另外，还存在信息来源面窄、覆盖面小、更新慢等弊端，不能充分发挥市场信息的引导作用和参考作用。

## 5.3 渔业产品质量安全经营者行为的理论分析框架

由于渔业产品具有典型"经验品"和"信任品"特性，水产市场又是个信息严重不对称的不完全竞争市场，在渔业产品经营活动法律风险较低的情况下，经营者在各种经营交易过程中就存在选择滥用添加剂、使用工业盐、假冒伪劣、掺加异物、以次充优等不法经营行为和机会主义行动追求额外效用的冲动。政府对渔业产品经营活动的监管力度、水产市场对入场水产品的质量安全管理制度、经营者的质量安全意识、违法成本等等各种相关影响因素都能很大程度上影响经营者的行为选择。
通过研究认为，在第 2 章相关理论分析的基础上，结合渔业产品市场流
通和经营状况，提出如图 5-2 所示渔业产品质量安全经营者行为的理论
分析框架。

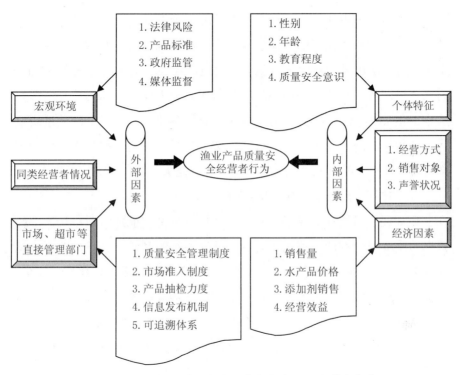

图 5-2　渔业产品质量安全经营者行为的理论分析框架

从图 5-2 中可以看出，影响水产品经营者行为的主要影响因素可以
分为外部因素和内部因素两大类，其中外部因素又可以分为：宏观环境、
直接管理部门和同类经营者情况三类；内部因素也可以分为：个体特征、
经济因素和其他三类。

### 5.3.1 外部因素

（1）宏观环境

经营者所处的外部宏观环境主要包括不法经营者面对的法律风险、与渔业产品质量安全有关的产品标准、政府部门对渔业产品质量安全问题的监管力度和媒体对渔业产品市场流通与经营问题的监督情况等。当经营者面临严格、完善的法律法规和产品标准规范时，经营者选择机会主义行为的法律风险较大，自然会自觉地遵守各项法律法规和产品标准；而且，经营者的经营行为还跟政府部门的监管力度和媒体的监督情况直接成正相关关系，政府监管力度越大，媒体关注水产市场上的质量安全状况的频率越高，经营者面临机会主义行为被发现的几率越大，机会主义行为受到查处的可能性越大，经济风险也越大。

（2）市场、超市等直接管理部门

假如经营者所在的市场、超市等直接管理部门能加强对市场内部经营户的质量安全管理，那么经营者在外界力量的制约下，自觉或不自觉地会努力提高渔业产品质量安全水平，供应符合食用要求的优质、安全、卫生水产品。假如水产市场或者超市对场内经营户放任管理，缺乏质量安全监管，经营者极有可能选择各种不法行为追求额外经济效用。目前，我国很多大中型水产市场和超市已经逐步建立和实施针对场内经营者的质量安全管理制度、市场准入制度、产品抽检力度、信息发布机制和可追溯体系，以期规范场内水产品经营者的经营行为，增强水产品市场信息的透明度。

（3）同类经营者情况

同类经营者情况，尤其是一些经营规模较大的经营者，对同一场所内的经营者具有明显的示范和引导作用，这种效应也可以被称为"蝴蝶效应"。所谓蝴蝶效应，首先由美国气象学家 Edward Lorenz 于 1963 年提出，可以被阐述为：一个蝴蝶在巴西轻拍翅膀，可以导致一个月后得克萨斯州的一场龙卷风。后来蝴蝶效应被广泛应用于经济学、社会学和天文气象学界。"蝴蝶效应"应用于经营者行为研究中可以给我们一个启示：假如水产市场中存在不法经营户，如果不加以及时的纠正和查处，可能会带坏众多守法经营、诚信经营的经营者，导致机会主义行为的大量暴发，进而全面降低水产市场中的质量安全水平。

### 5.3.2　内部因素

#### （1）个体特征

对经营者行为存在重大影响的经营者个体特征因素主要包括：性别、年龄、教育程度和质量安全意识等。一般说来，经营者的质量安全意识越高，越会倾向于选择守法经营、诚信经营。但是，实践表明，经营者的性别、年龄和教育程度等个体特征与其经营行为选择之间的相关关系，无法简单或武断地得出是正相关或者负相关的结论，比如说，教育程度越高，也有可能令经营者选择一些更加不易察觉的不法经营行为。这方面的研究还有待于进行实证调查分析，只有基于大量的数据基础之上，才能通过计量分析或者数量关系研究各影响因素与经营者行为的相关性和影响程度。

#### （2）经济因素

影响经营者行为的经营因素主要包括水产销售量、水产品价格、添加剂销售和经营效益等。通常说来，假如经营者的销售量越大，经营者的合法经营一般也能收获较好的经济收益，如果选择不法经营行为，水产品被有关部门抽检和查处的几率越大，而且被查处后还得面临重大的经济处罚。水产品价格高低与经营者行为也有直接的关系，只要水产品价格昂贵，经营者就可能会铤而走险，使用各种防腐、保鲜、保活的添加剂延长销售期或者从事假冒伪劣、以次充优等不法经营行为，以便追求巨大的额外经济效用。各种违法、违规添加剂的销售情况和易得性，也明显与经营者选择经营行为有关。假如经营者非常容易购买到违法违规添加剂，经营者就很有可能禁不住机会主义行为额外效用的诱惑。经营效益对经营者行为的影响也不容忽视，假如合法经营收益足够好且从事机会主义行为的额外效用不足以吸引经营者，经营者自然还会坚持守法经营。

（3）经营方式、销售对象和声誉状况

经营者的行为选择还离不开经营方式、销售对象和经营者声誉状况等因素的影响。经营者的经营方式在很大程度上会影响其行为选择，常规的水产品经营方式一般不外乎订单经营、批发、零售以及既批发又零售等几种主要方式，但是这几种经营方式对经营者行为的影响却各有差异。采取订单采购水产品的方式时，经营者为了维护稳定的契约关系，基本不会从事任何不法经营行为。另外几种经营方式就都有可能出现不法经营行为，一般说来，按照出现机会主义行为几率大小依次为：批发经营方式、既批发又零售经营方式、零售方式。

销售对象也是一个影响经营者行为选择的重要影响因素。对于业务稳定的水产品购买者和大批量的水产品采购者，经营者一般不会采取机会主义行为，一方面是为了吸引客户成为固定买主，维持长久的契约合作关系，另一方面是为了规避买家因质量安全问题提请诉讼的法律风险。而对于零星购买的消费者，消费者因散购渔业产品质量安全问题提请诉讼的几率极低，而且该消费者再次从同一经营者购买水产品的概率也低，经营者就有采取以次充优、掺杂异物等机会主义追求额外收益的冲动和激励。另外，声誉状况也是一个重要的影响因素，经营者的经营声誉越好，其营建和维护声誉的成本越高，选择从事机会主义行为的机会成本越高。

## 5.4 经营者行为对渔业产品质量安全的影响——案例分析

目前，广大水产品经营者都对"质量安全"这个词耳熟能详，但是很多经营者在法律风险较小和市场监管薄弱的情况下，最为关注的还是经济成本和经济收益。只有等到消费者对渔业产品质量安全认知水平大幅提高，懂得查看商家是否具备《营业执照》、《卫生许可证》、《产地证明》和《产品质量证明》等相关证明材料，清楚随时索要销售凭证的重要性，那时消费市场必将驱动经营者提高质量安全观念。消费者不会采购劣质水产品，将是经营者的命门，甚至比加强法律法规建设和强化市场质量安全监管等作用更加明显，这就要求经营者应视质量如生命，把质量安全当作经营核心来对待，切实加强对渔业产品采购、运输、储存及销售各个环节的质量安全控制，提供和经销优质、安全、卫生的水产品。

除了政府部门强有力的质量安全监管和消费者对优质水产品的市场需求之外，提高渔业产品质量安全水平还必须提高渔业产品生产经营者的自我约束和品牌意识。由于近几年我国水产品频频遭遇质量安全的信任危机，因此，一些"先知先觉"的生产经营者销售的"品牌鱼"在水产市场上具有极大的消费吸引力和诱惑力。在各个水产市场上，假如水产品带有相关"身份证"（如无公害农产品产地认定证书、无公害农产品认证证书、绿色食品认证标签标识、有机食品认证标签标识、产品质检报告、产地来源证明等），而且价格也在消费者接受范围之内，这些品牌鱼在市场上就会引起消费者的购买热潮，并迅速占有市场份额。

### 5.4.1　通威集团有限公司的"通威鱼"品牌经营*

根据渔业产品质量安全问题的经营者行为理论分析可知，声誉机制和品牌战略与经营者的行为决策和行为选择密切相关。因此，本节就以通威集团有限公司的"通威鱼"品牌经营为例分析品牌经营战略对渔业产品质量安全经营者行为的影响及其经验启示。

**（1）通威集团有限公司概况**

通威集团有限公司是以饲料工业为主，并在化工、新能源、宠物食品、IT、建筑与房地产等行业快速发展的大型民营科技型企业，系农业产业

---

\* 案例来源：通威集团申报无公害农产品认证的认证材料和通威集团网站资料。

化国家重点龙头企业。通威集团有限公司的涉渔产业，已经包括了水产饲料、养殖、深加工水产品、鱼苗和鱼种等完整的水产产业链。通威集团现拥有遍布全国各地及东南亚的90余家分公司和子公司，拥有员工近万人，其中通威股份上市公司年饲料生产能力逾 $400 \times 10^4$ t，已成为全球最大的水产饲料生产企业及主要的畜禽饲料生产企业，水产饲料全国市场占有率已达到20%，连续16年位居全国第一。

（2）"通威鱼"品牌经营

2002年，通威就已经开始着手打造中国第一品牌淡水鱼，其精心饲养的"通威鱼"挟着"无污染、无公害、优质、安全"的品牌战略，迅速打入北京、上海、广州、武汉等大城市的水产市场，并以"健康、安全、卫生、放心"的形象深入消费者心理，短期内快速建立了"通威鱼"品牌并抢占了巨大的市场份额，目前带有电子标签的"通威鱼"比普通鱼价格高出20% ~ 30%，精品鱼类则高出50%左右。"通威鱼"的品牌运作模式，已经成为国内众多有实力水产企业竞相效仿的生产和经营模式，这对于渔业产品走出"药鱼"、"毒鱼"困境具有重要示范意义。

通威具体的品牌策略有以下几个方面。

1）品牌宣传口号。

——打造世界级健康安全食品供应商；

——改善人类生活品质，成就世界水产品牌；

——健康、美味、更安全；

——源自生态健康养殖基地；

——现在吃什么最放心？通威鱼，放心鱼。

2）通威鱼来自哪里？

——来自生态健康养殖基地。

3）通威鱼吃什么？

——全营养饵料，采用鱼粉、豆粕、菜籽粕、面粉等农副产品经科学配制，绝不添加任何激素、抗生素和违禁药品。

4）通威鱼产销流程？

——从水环境、苗种、投入品到检验、配送上市全程可控。

5）吃鱼有什么好处？

——在安全方面，人鱼共患的疾病基本上没有，与陆生动物相比具有很高的安全性；在营养方面，鱼类富含人体易于消化吸收的多种氨基酸、维生素和脑磷脂、卵磷脂，多吃能强身益智、延年益寿；此外，鱼类的脂肪为不饱和脂肪酸，而且蛋白平衡易消化，有利于保持人类心血管系统的健康。

6）全程可追溯系统。通威集团有限公司，于 2007 年 2 月 11 日在北京正式推出其带有电子标签的"通威鱼"，这是水产企业中首家向消费者推出可查询的全程追溯系统。

目前，在北京的华联、易初莲花、沃尔玛等市场发现，每条"通威鱼"的身上都挂了一个与之相对应的电子标签，而且都具有唯一性，消费者拿着这个标签与商超设置的触摸屏进行连线，即可追溯查询到所买的每一条鱼的鱼种、鱼苗、饲料、水质、渔药、产地、捕捞、运输、销售等各个环节；同时，这个"通威鱼"质量可追溯制度和体系也可以有助于政府部门、商超客户掌握有关信息，更可在食品问题发生时，迅速采取行动。

7）销售网点建设。计划在北京、上海、广州、武汉等四大淡水鱼主产区和主销区各建设至少 100 家以上的"通威鱼"销售网点，从 2006 年始 3 年内，最少投资 5 亿元建立经营配送中心、物流中心等。

（3）**案例分析**

因为通威集团有限公司具有完整的产业链，所以这就为通威推行"通威鱼"品牌鱼奠定了品牌建设的最大根基，为加强养殖过程质量安全管理创造了便利条件。相对其他水产品牌来说，通威完整的产业链使得质量安全管理更加便利和有效。

1）品牌目标是提高渔业产品质量安全水平的基础。品牌目标是任何企业提高管理水平、加强企业知名度和美誉度的根基。通威集团有限公司在推行"通威鱼"品牌建设之初，就提出了"打造世界级健康安全食品供应商"和"改善人类生活品质，成就世界水产品牌"的企业品牌目标，企业的品牌目标明确表明了通威的发展目标，有了明确的发展目标，通威自然就可以围绕该目标设计和推行相关的品牌策略和建设步骤。从其目标之中就可以看出，通威集团对于提高渔业产品质量安全水平，确保消费者食用安全，提高水产品消费品质，成就世界性"通威鱼"品牌的重大决心。

有了企业的品牌目标之后，通威集团又提出了企业针对"通威鱼"的质量方针，即"健康、美味、更安全"、"源自生态健康养殖基地"和"现在吃什么最放心？通威鱼，放心鱼"。这三个目标不但是"通威鱼"的产品目标，也是企业向政府部门、媒体、买家、消费者表达通威集体建设优质、卫生、安全的"通威鱼"的决心。既然敢于喊出响亮的口号，通威就会采取各种措施积极提高产品质量安全水平，向着喊出的质量安全目标发展，不会害怕政府部门的质量安全监管，不会害怕媒体对企业产品的监督，不会害怕产品质量安全水平达不到买家和消费者的要求。

2）品牌建设策略是提高渔业产品质量安全水平的关键。企业品牌建设策略是提高渔业产品质量安全水平的关键。企业能否实现品牌目标和质量安全目标，完全在于品牌建设策略是否符合渔业国情和企业实际，是否完全有效，是否切实可行。优秀的品牌建设策略必须具有现实性、时效性、可操作性、简便性等特点。各种品牌建设措施，必须使得产业链各个环节相关人员易于理解、易于掌握、易于操控。

通威集团推行的品牌建设策略不但满足优秀品牌建设策略的各种要求，而且还达到了向外界宣传企业产品品牌和质量安全管理的目的。从"通威鱼来自哪里？"、"通威鱼吃什么？"、"通威鱼产销流程？"和"吃鱼有什么好处？"等问题的提出就可以看出，通威集团非常了解如何才能养成健康、美味、更安全的水产品，这些问题的答案从而也变成了通威集团相关工作人员的操作规程。不但如此，这些问题还能向消费者宣传通威鱼的特点和优势，吸引更多的买家和消费者采购和食用通威鱼。

通威集团推出的具有先进性、创新性的电子化可追溯系统更是走在了世界渔业产品质量安全管理的前面。通过鱼体上携带的电子标签和可追溯电子管理系统，不但避免了因为信息不对称导致消费者选择低价水产品或者放弃购买质量安全不确定的水产品，而且有助于政府部门、生产经营者在发生食品问题时，第一时间就将问题水产品追溯回到生产源头的各个环节，找出问题，解决问题，将食品问题危害程度降到最小。

在北京、上海、广州和武汉等淡水水产品的主产区和主销区大力加强"通威鱼"养殖基地和销售网点建设，通威集团一方面可以将"通威鱼"养殖基地直接建到各个主要销售区，减少运输成本；另一方面可以扩大销售面，拓展"通威鱼"的市场占有率，并以良好的品牌效应获取比普通水产品高 20% 以上的经济效益。通过类似"通威鱼"这样品牌鱼在市场上的示范和推广作用，有助于将渔业产品质量安全意识深入政府、生产者、经营者和消费者等各类人群的心里，并推动其他生产经营者也重视品牌经营和产品质量安全。

3）全程质量安全管理是提高渔业产品质量安全水平的保障。对于水产品生产和经营来说，产业链的每一个环节都存在潜在的危害与风险，因此涉及鱼种、鱼苗、饲料、水质、渔药、产地、捕捞、运输、储存和销售等各个环节的全程质量安全管理就是提高渔业产品质量安全水平的重要保障和措施。产业链中每一个环节肯定会牵涉到化学性危害、物理性危害或者生物性危害中的一种或者几种潜在危害，如何消除这些潜在危害就是能否保证水产品优质、安全、卫生的重中之重。

从管理学角度来说，没有行之有效的全程质量安全管理，企业中各环节、各部门之间在生产经营过程之中就容易产生非合作性博弈。因此，企业必须制定和实施与国内外养殖操作规程、质量标准、安全卫生标准等相接轨的质量安全管理制度，在各个环节和各个部门之中采用先进的、科学的质量安全监测和控制方法，在企业内部无条件地严格执行全程质量安全管理规程和操作程序。有条件的企业，甚至应该借鉴政府强制食品加工企业实施的 HACCP（危害与关键控制点）体系，学会针对水产品生产经营整个过程进行危害分析，寻找关键控制点，建立和采取有效措施消除潜在的各项危害。

4）声誉机制是提升企业产品质量安全知名度的重要途径。交易主体的声誉是建立在交易对方对该交易主体的经营行为、营销行为和产品品质的积极认同基础上。在当前渔业行业作为一个不完全市场并存在严重信息不对称的情况下，企业声誉在很大程度上能够起到替代产品信息的作用。良好的企业声誉，也能帮助企业比其他企业获取更多的经济收益，避免因为"逆向选择"而被挤出水产市场。另外，由于营造声誉和维护声誉高昂的人力、物力、财力等各方面成本，具有良好声誉的企业在声誉资本带来的收益大于机会主义行为所可能带来的额外效用时，会自觉遵守市场规律，生产和供应优质、安全、卫生的水产品，通过良好的企业声誉提高企业产品知名度并获得市场美誉度，进而获得更高的额外收益。

对于消费者来说，利用经营者的声誉，可以减少自己的信息搜寻成本以及减少高价买到劣质品的风险，确保在水产市场中能采购到优质、安全、卫生的水产品。企业声誉在很大程度上能够缓解交易双方信息不对称带来的各种弊端，帮助交易双方节约交易成本，缩短缔约时间，提高履约效率。"通威鱼"就是一个典型的实例，带有电子标签的"通威鱼"售价通常比起同一销售场所的其他普通水产品高出 20%～30%，特殊的精品鱼甚至高出 50%左右。

5）质量安全可追溯系统是消费者放心采购和食用的信用保证。贯穿整个渔业产品生产供应链的质量安全可追溯系统是消费者放心采购和食用的信用保证。近年来频繁发生的渔业产品质量安全事件表明，暴露出质量安全问题的环节不一定是真正出现质量安全问题的环节，极有可能是供应链上游环节出现的问题直到下游环节才因这种或者那种原因被暴露出来。假如因为个体产品出现的质量安全问题而打压该类产品的生产和销售，甚至影响到整个渔业产业，势必导致众多无辜者产生重大的经济损失。

2006 年暴发的"多宝鱼"事件，就是一个典型的案例。山东省个别养殖户在养殖过程中添加了违禁药物，这些养成的多宝鱼上市后被质监部门查出了鱼体内药物残留超标，可是因为无法溯源到问题多宝鱼，有关部门只能禁止所有多宝鱼在市场上的销售。作为多宝鱼主要养殖基地的山东省，因销路被断而遭受了超过 20 亿元的直接经济损失，部分养殖户的经济损失高达千万以上，并致使众多养殖户倾家荡产。该事件带来的间接影响还无法直接用经济数字来具体衡量，经过该事件之后，原价每千克数十元的多宝鱼，售价只能徘徊在十几元，而且销量大减。消费者抱着"宁可信其有、不可信其无"的观念，大大减少购买多宝鱼，多宝鱼产业也因此一蹶不振。

假如应用了渔业产品全程质量安全可追溯系统，将问题产品溯源到具体的养殖场、养殖车间、捕获批次、所用养殖投入品、养殖过程等各种有关信息，必定能最大程度上减少渔业产品质量安全事件带来的直接经济损失和间接影响。"通威鱼"在渔业产品质量安全可追溯方面开创了一个好的开端，必将在同类产品竞争之中抢夺到制高点并立于不败之地。

### 5.4.2　泛珠十五家水产企业发出渔业产品质量安全诚信倡议[*]

从前面的研究内容已知声誉机制与渔业产品质量安全问题的经营者行为有着密切关系。因此，本节以"泛珠十五家水产企业发出渔业产品质量安全诚信倡议"为例，详细分析声誉机制对渔业产品质量安全经营者行为的影响及其经验启示。

（1）案例背景

2007 年 4 月，中国输美水产品中的斑点叉尾鮰鱼因被 FDA 查出药物残留超标而遭到美国部分州的抵制，而且此风愈演愈烈，致使众多美国水产进口商和消费者对中国输美水产品产生了重大怀疑和严重抵制。此次因药物残留问题而被美方扣留或阻止入境的产品涉及广西南宁百洋

---

[*] 资料来源：中国食品产业网——国内资讯，2007 年 10 月 12 日。

食品有限公司和瑞安华盛水产品加工厂。南宁百洋食品有限公司贸易部经理孙宇表示，被美国食品和药物管理局（FDA）查出问题的斑点叉尾鮰并非由该公司出口，而是被假冒的。假冒该公司的企业做了假的出入境检验检疫证书、卫生证书等相关水产品出口所需材料。

2007年6月28日，美国食品和药品管理局（FDA）以不断在中国输美水产品中发现药残超标为依据，宣布从当日起，扣查从中国进口的未经检验的五类水产品（对虾、鳗鱼、斑点叉尾鮰、鲮鱼和巴沙鱼）。另外，FDA提出，中国的供应商可以不经过FDA的检测，但是必须出示经由美国官方批准的实验室或者中国政府批准的海外实验机构出具的产品检验报告。如果中国的供应商可以提供合格的产品检验报告，美国将允许中国的这五类水产品进入美国市场。但是，如果一旦再被FDA抽查到再有违禁药物出现，该供应商的相应产品将被禁止进入美国市场。

据中国质检部门统计，2004—2006年，中国出口食品的合格率都在99%以上，与美国出口到中国的食品合格率相当，还略高于美国。可是，因为一批渔业产品质量安全的个案问题却被美国FDA当作所有中国渔业产品质量安全都存在问题，一个中国不法企业的问题被看成中国整个水产行业都存在问题。

（2）**渔业产品质量安全诚信倡议**

2007年9月16日，在厦门举行的泛珠三角区域渔业经济合作论坛第二次年会上，福建福铭食品有限公司、福建漳浦县丰盛食品有限公司、福建厦门市同安源水水产有限公司、江西盛水实业集团、江西上高县渔业合作社等15家泛珠三角区域成员单位向全国渔业产品生产经营者发出渔业产品质量安全诚信倡议书。

倡议书（见案例）强调，渔业产品质量安全与人民群众的生命健康息息相关，是经济发展和社会文明进步的重要标志，是人民群众的殷切期盼。呼吁同行们迅速行动起来，打造渔业产品质量安全的"良心工程"，为维护人民群众的身体健康和促进全国水产业的健康发展，做出不懈努力。

（3）案例分析

表面上看来，为了保障本国消费者的食品安全，美国 FDA 所有的行为和要求都十分合理。实际上，美国以此为借口对中国水产品实施技术性贸易壁垒，而且这种做法对于自觉、诚信经营的水产出口企业极度不公平。虽说美国对中国渔业产品提出了苛刻、严格的进口要求，但是关键问题还在于中国水产企业自身的问题，假如出口渔业产品质量安全毫无问题，肯定能够符合食用安全卫生要求，即使面对严格、繁琐的进口质量安全检验检测要求，优质水产品照样能顺利进入任何国家和地区的水产市场。

其实，发现问题不可怕，关键在于如何正视，如何解决。所以从好的一面来说，美国给中国企业敲响了警钟，中国松散而良莠不齐的中国水产企业需要规范起来，质量安全管理需要及时与国际渔业产品质量安全标准的要求相接轨。中国政府在出口质量安全把关方面需要加强检测能力，防止问题水产品走出国门影响中国渔业行业的市场声誉。泛珠十五家水产企业发出渔业产品质量安全诚信倡议为渔业生产经营企业指出了一条明路。

**案例**

**渔业产品质量安全诚信倡议**

《倡议书》包括以下 6 个方面的内容：

一、严格遵守国家法律、法规，守法经营。自觉学法、规范守法，严格执行《农产品质量安全法》、《食品卫生法》等法律法规。不收购无质量安全保证的原料，不滥用食品添加剂，不使用非食品原料加工食品，不使用过期变质不新鲜的水产品加工制作产品，超标的产品不出厂。提高水产品分级、包装、保鲜、贮藏和加工标准化水平。不经营过期、变质、假冒、伪劣的食品，积极维护消费者权益。

二、严格按照标准化组织生产，把好源头关。推行标准化质量管理和生态健康养殖技术，带动渔民按标准组织生产。在原料生产基地决不使用禁用药及不合格的渔业投入品。执行无公害农产品生产技术标准和规范，积极开展无公害产地认定、产品认证和绿色食品、有机食品认证，推行 HACCP 体系、QS 认证，大力发展品牌水产品。

三、坚持"诚信为本、诚信兴业"的宗旨。牢固树立"企业是食品安全第一责任人"的思想，诚实守信、优质经营，自觉接受监管部门、舆论和社会的检查监督。积极配合有关部门查处、打击假冒伪劣食品的生产、经营。以品牌建设为核心，以信誉服务于民，取信于民。共同创立"中国水产、安全优质"的品牌形象。

四、严格行业自律，从我做起，不断规范企业行为。不代理无证企业的水产品出口业务，不冒套其他企业的注册号，努力树立全国水产业的良好形象。不断加强企业间的相互联系、相互监督，建立企业生产经营档案，公开企业生产经营质量安全信息，消除各种质量安全隐患，防止不安全的水产食品流入市场。

五、加快建立产品可追溯制度。探索建立从生产到流通的质量安全追溯制度，实行产品进出货检验、索证索票，建立购销台账和产品质量档案管理制度，建立原料来源、工艺流程、生产批次、产品存放等档案，健全产品质量安全控制体系，逐步实现收购、加工、销售全程的质量可追溯。

六、强化内部管理和为民服务意识。搞好企业内部管理，加强员工培训，实行持证上岗，加强自我约束，提高服务质量。坚持用户至上，用合格的产品和优质的服务回报社会，让社会各界满意，让人民群众放心，争创文明企业。

1）守法经营是企业生存之根本。守法经营是企业生存的根本。任何水产企业和个体经营户都必须遵纪守法，严格执行《中华人民共和国农产品质量安全法》、《中华人民共和国产品质量法》、《中华人民共和国食品卫生法》、《中华人民共和国进出口商品检验法》、《中华人民共和国进出境动植物检疫法》、《水产养殖质量安全管理规定》等相关的国家法律法规，守法从事生产经营活动。在生产经营过程中，生产经营者不得收购无质量安全保证的原料，不得滥用食品添加剂，不使用非食品级添加剂，不使用过期、变质、不新鲜的水产品和食品添加剂进行加工生产，加强出厂质量安全检验检测，问题水产品不得出厂，不经营过期、变质、假冒、伪劣的水产品，积极维护消费者健康权益。

2）诚信为本和行业自律是渔业生产经营之基础。诚信为本和行业自律是渔业生产经营的基础。为长久持续地从事渔业生产经营活动，任何水产企业和个体经营户必须坚持"诚信为本、诚信兴业"的宗旨，牢固树立"企业是食品安全第一责任人"思想。必须诚实守信、优质经营，在生产经营任何环节都要自觉接受有关部门的监管以及媒体和消费者的监督。为了企业品牌建设和行业发展，必须积极配合有关部门查处、打击假冒伪劣水产品的生产经营。整个行业的所有相关企业和个体从业者必须重视品牌建设，营造良好的产品信誉，规范生产经营行为，规避机会主义活动，共同创建"中国水产、安全优质"良好形象。

3）标准化生产是产品质量安全之重要保障。标准化生产是产品质量安全的重要保障。为了提升渔业产品质量安全水平，有关水产企业和个体从业者必须按照有关生产经营的国家标准、行业标准、地方标准从事标准化的生产经营活动，全面消除生产经营过程中各个环节的质量安全隐患，防止问题水产品出现在国内外水产市场。标准化生产，养殖企业不但需要把好水质和苗种的源头关，还得推行标准化质量管理和无公害健康养殖技术，减少养殖用药，坚决不使用任何禁用渔药和化学物，积极开展无公害农产品认证、绿色食品认证和有机食品认证；加工企业需要加强原料采购管理，避免购买劣质水产原料和食品添加剂，按照科学的加工标准从事标准化的加工生产，防范滥用食品添加剂，积极开展加工企业的 HACCP 体系认证和 QS 食品认证；水产经销企业和个体经营户必须严格控制水产品采购，防止问题水产品入市，加强水产品运输和贮存管理，避免使用禁用的添加剂，杜绝经营过程中产生和暴发质量安全问题。

4）可追溯体系建设是企业品牌建设之重要举措。可追溯体系是企业品牌建设的重要举措。从案例背景中可知，广西南宁百洋食品有限公司就是因为被人假冒伪劣后被查出质量安全问题，而导致企业品牌严重受损，所以，规模化、有声誉、重品牌的企业必须重视可追溯体系建设，加强企业品牌建设和管理，强化企业品牌保护，积极维护精心营造的企业声誉，防止品牌被不法经营者假冒使用。否则，企业花费大量时间、人力、物力、财力打造的企业品牌就有可能毁于一旦，并致使企业蒙受巨大的经济损失和声誉损失，严重者甚至会导致企业从此一蹶不振，面临破产。因此，渔业生产经营企业必须建立贯穿原料采购和贮存、加工流程、添加剂采购和使用、生产批次、产品检验、产品储存、运输、销售等所有环节的全程质量安全可追溯体系，加强各环节的记录管理，确保产品的溯源能力。

5）加强管理和以人为本是企业发展之重要条件。加强内部管理，提高以人为本、"顾客是上帝"的服务意识，这是企业不断发展的重要条件。现代企业若想不断发展进步，必须建立企业内部的现代化管理制度，加强渔业产品生产经营的危害分析，制定各生产环节的操作程序，加强企业员工的操作技能和质量安全培训，实行持证上岗，必须严格遵照相关的生产操作程序从事标准化、程序化生产，严把质量安全关，消除潜在的质量安全风险和危害。在对待渔业产品质量安全问题上，水产企业和经营者必须坚持用户至上，以人为本，对消费者身体健康负责，以优质、安全、卫生的水产品和优良的服务回报社会，让消费者购买和食用放心。这也是避免产品出口因国外市场提高渔业产品质量安全要求而受限、受制的最好办法，以不变应万变，凭"优质、安全、卫生"闯出口、拓市场、拼竞争。

## 5.5　本章小结

1）水产市场经营产品主要分为鲜活类、冰鲜类、冷冻类及水发水产品等几大类，从目前的市场状况看，鲜活类水产品市场占多数。目前，渔业产品流通已形成了国有、集体、个体等多种经济成分共同参与和相互竞争的多渠道经营格局。

2）目前我国渔业产品经营主要以初级水产品为主、加工水产品为辅、深加工水产品稀少。主要销售终端为水产专业市场、农贸市场、超市、食品便利店、食品商店等。

3）药物残留仍然是经营过程中产品质量安全的突出问题，经营者在经营过程中为了防腐、保鲜、漂白，令水产品色泽鲜艳，给予买家感官刺激，引诱消费者购买，存在使用各种防腐剂、保鲜剂、漂白剂、上色剂等有毒有害化学物品的不法现象。渔业市场体系建设和渔业产品流通环节中存在的问题仍然是确保渔业经济发展、规范渔业产品生产经营的关键薄弱环节。

4）影响经营者行为的主要影响因素可以分为外部因素和内部因素两大类，其中外部因素又可以分为：宏观环境、直接管理部门和同类经营者情况三类；内部因素也可以分为：个体特征、经济因素和其他三类。

5）通威集团有限公司"通威鱼"品牌经营的案例分析经验。品牌目标是提高渔业产品质量安全水平的基础；品牌建设策略是提高渔业产品质量安全水平的关键；全程质量安全管理是提高渔业产品质量安全水平的保障；声誉机制是提升企业产品质量安全知名度的重要途径；质量安全可追溯系统是消费者放心采购和食用的信用保证。

6）泛珠十五家水产企业发出渔业产品质量安全诚信倡议的案例分析经验。守法经营是企业生存之根本；诚信为本和行业自律是企业生产经营之基础；标准化生产是产品质量安全之重要保障；可追溯体系建设是企业品牌建设之重要举措；加强管理和以人为本是企业发展之重要条件。

# 第6章 渔业产品质量安全的
# 消费者行为分析

渔业产品的消费是渔业产品生产、供给、流通和经营的最终目的，围绕渔业产品苗种、养成、投入品、捕捞、加工、运输、贮存、经营、贸易等所有环节的质量安全相关工作都是为了给消费者供应符合食用安全要求的渔业产品。本章在假设渔业产品质量安全的消费者行为分析理论框架的基础上，以上海市和广州市水产品消费者为分析对象，基于270多份"水产品安全消费行为"问卷调查数据，实证分析消费者对安全水产品的认知水平、行为选择、影响因素及支付意愿。

## 6.1 渔业产品质量安全消费者行为的理论分析框架

对于渔业产品质量安全的消费者行为来说，消费者行为的影响因素与水产品消费的影响因素有很大差异。消费者对渔业产品质量安全的了解程度、认知水平、判断能力以及消费者自身的性别、年龄、教育程度、家庭人口数量、收入等因素都能在很大程度上影响消费者对水产品的购买行为和对安全水产品的支付意愿。本书综合各种可能因素，提出了图6-1所示的渔业产品质量安全消费者行为理论分析框架。

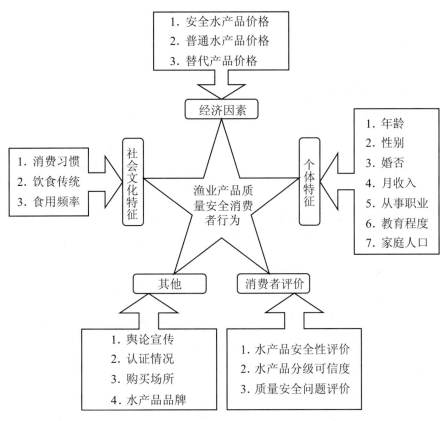

图 6-1　渔业产品质量安全消费者行为的理论分析框架

（1）**个体特征**

消费者的年龄、性别、婚否、月收入、从事职业、教育程度、家庭人口等个体特征与渔业产品质量安全的消费者行为选择有着直接的关系，不过各项个体特征与消费者行为的具体相关性和影响力大小还得依靠计量模型和数据进行详细分析。月收入对消费者行为的影响会非常重要，收入高者为了身体健康和食品营养，更加愿意多支付点钱购买有质量安全保证的水产品。单独以家庭人口来说，一般人口越多，食物消费更倾向于必需性食物，水产品消费频率就会降低，高价的优质安全水产品的购买次数更会明显减少。教育程度与消费者对安全水产品的消费行为之间的关系比较复杂，无法判断是否存在直接关系。只能说教育程度越高，对渔业产品质量安全的认知水平会更高，对水产品危害分析的能力也越高。

（2）经济因素

对于影响渔业产品质量安全消费者行为的经济因素，主要包括：安全水产品价格、普通水产品价格和替代产品价格。当安全水产品价格和普通水产品价格差距不大时，消费者可能会趋向选择安全水产品，宁愿多花点钱买个放心。但是当两者价格差距达到一定程度时，可能逐渐就会有消费者放弃购买经过质量安全认证的安全水产品，而宁愿冒一定的风险依靠自己的选择判断能力从相对廉价的普通水产品中选购自己满意的水产品。除了安全水产品和普通水产品价格差距之外，消费者还会考虑猪肉、牛肉、羊肉、鸡肉、鸭肉等替代食品的价格因素，当替代食品价格下降时，他们极有可能会放弃购买安全水产品或者普通水产品而去选购畜禽等肉类产品。但是三者之间的关度联，对于每个具体的消费者来说都有差异。

（3）消费者评价

与渔业产品质量安全消费者行为相关的消费者评价主要包括消费者对渔业产品质量安全问题评价、对水产品安全性评价和对水产品分级可信度。消费者对水产行业和渔业产品质量安全认知情况对于是否选择水产品和选择哪类水产品具有很大的影响。假如消费者认为目前市面上的渔业产品质量安全水平很高，他就不会愿意支付更高的价格选择经过产品质量安全认证的安全水产品。只有当他们对渔业产品质量安全状况不确定和认为质量安全总体水平不高时，他们才会愿意为经过产品质量安全认证的安全水产品支付更高的价格。

（4）社会文化特征

消费习惯、饮食传统和食用频率等社会文化特征也会在很大程度上影响渔业产品质量安全的消费者行为。喜好水产品、无水产品不欢的消费者，一般说来对于水产品了解会相对深入，对水产品挑选和购买也相对更有经验，他们不管在什么情况下都会购买水产品，只不过听说这种水产品存在很大食用安全风险后可能会转向另一种水产品，但是一般不会放弃购买水产品。随着对渔业产品质量安全认知水平的不断提高，他们更加会了解仅凭肉眼只能判断水产品的新鲜程度，而无法判断是否存在药物残留和微生物超标等潜在风险，并相信水产品认证的科学性和合理性。

**（5）其他**

舆论宣传对于提高消费者的渔业产品质量安全认知水平和引导水产品消费习惯有着重要作用。当舆论有着正确导向时，消费者就会增进对渔业产品质量安全问题的了解程度，也会正视当前水产品存在的质量安全问题。假如导向错误或者存在误导，消费者很有可能对渔业产品质量安全存在更大怀疑。

此外，购买场所和产品品牌也是影响渔业产品质量安全消费者行为的因素。经常选择在超市购买水产品的消费者，相对说来收入更高，他们更加倾向于宁愿支付更多的钱选择安全水产品。前往综合性农贸市场的消费者，主要是为了购买日常饮食必需性的食物，即使购买水产品也是为了调节饮食和改善生活，他们对于渔业产品质量安全水平的了解相对较少，而且更看重水产品价格因素。选择水产专业性市场购买水产品的消费者，一般都是比较喜欢吃水产品也相对更了解渔业产品质量安全情况，他们会关心水产品的新鲜程度和质量安全水平，对于这类消费者，行为影响因素通常比较多样。对于价位相差不大的水产品，具有良好品牌的水产品往往受到市场欢迎。

## 6.2　消费者安全消费行为问卷调查的样本资料概述

为了分析消费者安全消费的行为选择及其影响因素，本书根据上述渔业产品质量安全消费者行为的理论分析框架设计了"水产品安全消费行为"问卷调查表，并于 2007 年 7—8 月间分别在上海市和广州市开展了问卷调查活动。本次活动向上海市和广州市两地水产市场、农贸市场、超市等场所内的消费者各发放了 160 份问卷调查表。其中，上海市有效问卷回收率为 75.00％；广州市有效问卷回收率为 96.25％（见表 6-1）。

表 6-1　水产品安全消费行为问卷调查基本情况

| 调查地点 | 上海市 | 广州市 |
|---|---|---|
| 发放问卷调查表数量 | 160 | 160 |
| 回收问卷数量 | 145 | 160 |
| 无效问卷数量 | 25 | 6 |
| 有效问卷数量 | 120 | 154 |
| 有效问卷回收率（％） | 75.00 | 96.25 |

数据来源：问卷调查统计数据。

（1）性别

在上海市和广州市两地发放问卷调查表时发现，消费者都是以男性为主。其中，上海市的男性消费者占被调查消费者总数的 67.50％，女性占 32.50％；广州市的男性消费者占被调查消费者总数的 63.64％，女性占 36.36％。

（2）年龄

表 6-2　被调查对象的年龄分布

| | | 20 岁以下 | 21~25 岁 | 26~30 岁 | 31~40 岁 | 41~50 岁 | 51~65 岁 | 65 岁以上 |
|---|---|---|---|---|---|---|---|---|
| 上海市 | 样本数 | 5 | 29 | 47 | 26 | 13 | 0 | 0 |
| | 比例（％） | 4.17 | 24.17 | 39.17 | 21.67 | 10.83 | 0 | 0 |
| 广州市 | 样本数 | 6 | 38 | 60 | 34 | 16 | 0 | 0 |
| | 比例（％） | 3.90 | 24.68 | 38.96 | 22.08 | 10.39 | 0 | 0 |

数据来源：问卷调查统计数据。

经过调查发现，上海市和广州市两地的消费者中都是以 26-30 岁区间的群体最大，其次按大小依次为：21～25 岁区间、31～40 岁区间、41～50 岁区间、20 岁以下区间、51～65 岁区间和 65 岁以上区间，两地都没有 51～65 岁区间和 65 岁以上区间的被调查对象（见表 6-2）。

（3）婚姻状况

对于上海市和广州市两地被调查对象的婚姻状况，根据调查结果显示，上海市和广州市两地的被调查对象中没有离婚和孤寡的情况，上海市被调查对象中已婚者占总数的 52.50%，单身者占 47.50%；广州市被调查对象中已婚者占总数的 51.95%，单身者占 48.05%。

（4）受教育程度

受教育程度对于消费者的渔业产品质量安全认知水平影响重大。根据调查结果显示，上海市被调查的消费者中受教育程度按比例大小排前四位的是大学毕业、初中毕业、高中或中专毕业和研究生毕业（见表 6-3）。上海市和广州市两地被调查对象的受教育情况高度相似，在一定程度上可以代表我国水产品消费者的受教育程度分布情况。

表 6-3　被调查对象的受教育程度

| | | 样本数 | 比例（%） |
|---|---|---|---|
| 上海市 | 小学及以下 | 4 | 3.33 |
| | 初中毕业 | 29 | 24.17 |
| | 高中或中专在读 | 2 | 1.67 |
| | 高中或中专毕业 | 25 | 20.83 |
| | 大学在读 | 1 | 0.83 |
| | 大学毕业 | 41 | 34.17 |
| | 研究生在读 | 4 | 3.33 |
| | 研究生毕业 | 14 | 11.67 |
| | | 样本数 | 比例（%） |
| 广州市 | 小学及以下 | 5 | 3.25 |
| | 初中毕业 | 32 | 20.78 |
| | 高中或中专在读 | 2 | 1.30 |
| | 高中或中专毕业 | 35 | 22.73 |
| | 大学在读 | 3 | 1.95 |
| | 大学毕业 | 53 | 34.42 |
| | 研究生在读 | 7 | 4.55 |
| | 研究生毕业 | 17 | 11.04 |

数据来源：问卷调查统计数据。

（5）从事职业

表 6-4　被调查对象从事的职业调查

| | | 样本数 | 比例（%） |
|---|---|---|---|
| 上海市 | 公务员 | 2 | 1.67 |
| | 科研人员 | 3 | 2.50 |
| | 教师 | 19 | 15.83 |
| | 医生 | 4 | 3.33 |
| | 律师 | 2 | 1.67 |
| | 军人 | 1 | 0.83 |
| | 记者 | 2 | 1.67 |
| | 金融从业人员 | 5 | 4.17 |
| | 高级职员 | 13 | 10.83 |
| | 普通职员 | 31 | 25.83 |
| | 工人 | 4 | 3.33 |
| | 农民 | 2 | 1.67 |
| | 企业主 | 5 | 4.17 |
| | 失业 | 4 | 3.33 |
| | 其他 | 23 | 19.17 |
| | | 样本数 | 比例（%） |
| 广州市 | 公务员 | 4 | 2.60 |
| | 科研人员 | 6 | 3.90 |
| | 教师 | 29 | 18.83 |
| | 医生 | 4 | 2.60 |
| | 律师 | 4 | 2.60 |
| | 军人 | 1 | 0.65 |
| | 记者 | 4 | 2.60 |
| | 金融从业人员 | 6 | 3.90 |
| | 高级职员 | 13 | 8.44 |
| | 普通职员 | 37 | 24.03 |
| | 工人 | 6 | 3.90 |
| | 农民 | 2 | 1.30 |
| | 企业主 | 6 | 3.90 |
| | 失业 | 6 | 3.90 |
| | 其他 | 26 | 16.88 |

数据来源：问卷调查统计数据。

消费者从事的职业与他的收入情况、知识水平、消费意愿等均有很大关系。通过问卷调查结果统计数据显示，上海市被调查的水产品消费者中从事普通职员工作的比例最高；排第二位的是除所列 14 种具体情况之外的其他职业；排列第三的是教师职业。广州市被调查的水产品消费者中也是从事普通职员工作的比例最高，达 24.03%；排第二位的是教师职业，比例为 18.83%；排列第三的是除所列 14 种具体情况之外的其他职业，比例为 16.88%；排第四的职业为高级职员，比例为 8.44%（见表 6-4）。

（6）生活区域

一般说来，城市消费者对于渔业产品质量安全的支付意愿相对更高，距离水产市场较近的消费者对水产品的了解程度也相对更高。经过调查发现，上海市被调查对象居住于市区的比例最高，达 70.00%；其次为居住于城郊接合部的消费者，占总数比例为 21.67%；其余的被调查消费者都居住于郊区，比例为 8.33%。广州市调查结果与上海基本相同（见表 6-5）。

表 6-5　被调查对象的生活区域

| | | 市区 | 城郊结合部 | 郊区 | 其他 |
|---|---|---|---|---|---|
| 上海市 | 样本数 | 84 | 26 | 10 | 0 |
| | 比例（%） | 70.00 | 21.67 | 8.33 | 0 |
| | | 市区 | 城郊结合部 | 郊区 | 其他 |
| 广州市 | 样本数 | 113 | 31 | 10 | 0 |
| | 比例（%） | 73.38 | 20.13 | 6.49 | 0 |

数据来源：问卷调查统计数据。

（7）家庭人口数

家庭人口多少是影响消费者对渔业产品质量安全支付意愿的重要影响因素之一，从理论上说来，人口多少与支付意愿成反比关系。根据调查结果显示（见表 6-6），上海市被调查对象中比例最高的是家庭人口为三人的情况；其次为五人及以上；再次是四人家庭；另外就是一人和两人的家庭情况。广州市情况与上海基本相似。

表6-6 被调查对象的家庭人口数

| | | 1人 | 2人 | 3人 | 4人 | 5人及以上 |
|---|---|---|---|---|---|---|
| 上海市 | 样本数 | 13 | 13 | 50 | 20 | 24 |
| | 比例（%） | 10.83 | 10.83 | 41.67 | 16.67 | 20.00 |
| | | 1人 | 2人 | 3人 | 4人 | 5人及以上 |
| 广州市 | 样本数 | 17 | 15 | 64 | 29 | 29 |
| | 比例（%） | 11.04 | 9.74 | 41.56 | 18.83 | 18.83 |

数据来源：问卷调查统计数据。

（8）月收入

表6-7 被调查对象的月收入情况

| | | 样本数 | 比例（%） |
|---|---|---|---|
| 上海市 | 1 000 元以下 | 0 | 0 |
| | 1 001 ~ 2 000 元 | 61 | 50.83 |
| | 2 001 ~ 3 000 元 | 50 | 41.67 |
| | 3 001 ~ 4 000 元 | 9 | 7.50 |
| | 4 001 ~ 5 000 元 | 0 | 0 |
| | 5 001 ~ 6 000 元 | 0 | 0 |
| | 6 001 ~ 7 000 元 | 0 | 0 |
| | 7 001 元及以上 | 0 | 0 |
| | | 样本数 | 比例（%） |
| 广州市 | 1 000 元以下 | 0 | 0 |
| | 1 001 ~ 2 000 元 | 82 | 53.25 |
| | 2 001 ~ 3 000 元 | 59 | 38.31 |
| | 3 001 ~ 4 000 元 | 10 | 6.49 |
| | 4 001 ~ 5 000 元 | 2 | 1.30 |
| | 5 001 ~ 6 000 元 | 0 | 0 |
| | 6 001 ~ 7 000 元 | 0 | 0 |
| | 7 001 元及以上 | 1 | 0.65 |

数据来源：问卷调查统计数据。

　　消费者的收入情况是影响其渔业产品质量安全消费行为的关键因素之一。通常说来，收入越高，可支配收入越多，花钱买食品安全的比例和意愿就会更高。调查发现，上海市被调查对象的月收入区间主要集中在 1 000 ～ 4 000 元之间，月收入在 1 001 ～ 2 000 区间者占到被调查消费者总数的一半左右；月收入在 2 001 ～ 3 000 元区间者占到被调查消费者总数的 41.67％；剩余的被调查者月收入都在 3 001 ～ 4 000 元区间之内，其比例为 7.50％。广州市被调查者月收入主要集中在 1 001 ～ 5 000 元之间，比例最高的区间是 1 001 ～ 2 000 元；其次是 2 001 ～ 3 000 元之间；再次是 3 001 ～ 4 000 元之间；剩余调查者的月收入则在 4 001 ～ 5 000 元范围之内（见表 6-7）。

## 6.3　消费者的消费习惯、质量安全认知水平

　　每个消费者对不同种类水产品的偏好程度、消费习惯、食用频度都存在很大差异，而这些方面因素又与消费者的安全消费行为密切相关。因此为了了解消费者对水产品的消费心理和认知水平，在问卷调查表中设置了相关问题，以期通过对调查结果的统计和分析，研究消费者对渔业产品质量安全的认知程度和行为意愿。

### 6.3.1　消费者的消费习惯

（1）水产品食用频率

　　本书在设置该项问题和答案选项时，并没有对被调查者设定具体多长时间内食用多少次才算是"经常"、"偶尔"、"甚少"和"从不"。因为设定太死板或者不谨慎的话，容易导致选项过于集中，反而不利于研究，所以我们希望凭消费者自己的感觉来主观评价自己是否经常吃、偶尔吃、甚少吃或者从不吃。调查结果显示，上海市和广州市两地情况高度相似，

绝大多数消费者会经常或偶尔消费水产品（见表6-8）。这说明，消费者的食物结构中，水产品已经成为必不可少的组成之一，而且对于消费者的食物数量安全和营养补充具有重要意义。

表6-8　被调查对象的水产品食用频率

| | | 经常 | 偶尔 | 甚少 | 从不 |
|---|---|---|---|---|---|
| 上海市 | 样本数 | 41 | 68 | 11 | 0 |
| | 比例（％） | 34.17 | 56.67 | 9.17 | 0 |
| | | 经常 | 偶尔 | 甚少 | 从不 |
| 广州市 | 样本数 | 51 | 89 | 14 | 0 |
| | 比例（％） | 33.12 | 57.79 | 9.09 | 0 |

数据来源：问卷调查统计数据。

**（2）最常食用的水产品**

根据调查结果显示，上海市和广州市两地被调查对象食用最为频繁的水产品都是淡水鱼，在上海和广州两地的被调查对象中分别占到总数的75.83％和78.57％；其次都是虾蟹类，上海市和广州市的比例分别为35.00％和31.82％；再次就是海水鱼，上海市和广州市的比例分别为20.83％和22.08％。由此说明，不同消费者对于不同种类的水产品存在不同的偏好程度和消费频率。

**（3）水产品主要购买场所**

水产品的购买场所与消费者的购买行为存在较大关联度，如在超市购买，选择相对高价的安全水产品的可能性相对较高；如在农贸市场购买，消费者可能会更加关注价格因素。经调查发现，上海市被调查对象选择的水产品主要购买场所按比例大小依次为超市、农贸市场和批发市场。广州市被调查对象选择的水产品主要购买场所按比例大小依次为农贸市场、超市和批发市场（见表6-9）。这说明，政府部门除了需要关注对水产专业市场的质量安全监管之外，还必须得加强直接接触消费者的超市、农贸市场、批发市场等水产品终端销售场所的质量安全监管。

表 6-9　被调查对象的主要购买场所

| | | 水产专业市场 | 超市 | 批发市场 | 农贸市场 | 其他 |
|---|---|---|---|---|---|---|
| 上海市 | 样本数 | 0 | 60 | 10 | 50 | 0 |
| | 比例（％） | 0 | 50 | 8.33 | 41.67 | 0 |
| | | 水产专业市场 | 超市 | 批发市场 | 农贸市场 | 其他 |
| 广州市 | 样本数 | 0 | 69 | 13 | 72 | 0 |
| | 比例（％） | 0 | 44.81 | 8.44 | 46.75 | 0 |

数据来源：问卷调查统计数据。

### 6.3.2　消费者对渔业产品质量安全的认知水平

（1）对渔业产品质量安全关心程度

消费者是否关心渔业产品质量安全水平是决定他们对渔业产品质量安全认知能力和辨别能力的首要决定因素。调查发现，上海市和广州市两地被调查消费者全部选择"非常关心"和"较关心"，上海市选择"非常关心"和"较关心"的比例分别为 45.00％和 55.00％；广州市选择"非常关心"和"较关心"的比例分别为 42.21％和 57.79％。这说明两地居民对渔业产品质量安全问题均高度关注，非常重视食品安全对消费健康的影响。

（2）对渔业产品质量安全问题的评价

每个消费者对当前我国渔业产品质量安全问题的评价都不尽相同，但是，他们的评价将严重影响消费行为，包括是否购买水产品、购买哪种水产品、是否需要购买经过认证的优质安全水产品等等。通过调查发现，上海市和广州市两地居民对当前我国的渔业产品质量安全问题均认为"非常严重"和"比较严重"（见表 6-10）。看来，两地居民对我国当前渔业产品质量安全问题均深感担忧，这在很大程度上会影响水产品的销售和食用，这种认识和评价在一定程度上也驱使消费者倾向于购买和消费安全水产品。

表 6-10　被调查对象对渔业产品质量安全问题的评价

| | | 非常严重 | 比较严重 | 一般 | 不严重 | 不清楚 |
|---|---|---|---|---|---|---|
| 上海市 | 样本数 | 97 | 23 | 0 | 0 | 0 |
| | 比例（%） | 80.83 | 19.17 | 0 | 0 | 0 |
| | | 非常严重 | 比较严重 | 一般 | 不严重 | 不清楚 |
| 广州市 | 样本数 | 125 | 29 | 0 | 0 | 0 |
| | 比例（%） | 81.17 | 18.83 | 0 | 0 | 0 |

数据来源：问卷调查统计数据。

### （3）消费者对水产养殖过程使用渔药的态度

根据消费者对水产养殖过程使用渔药态度的调查显示，上海市和广州市被调查对象对该问题均持客观、开明的态度，基本都认为"可以使用"，但是需要科学合理地使用，避免水产品中药残超标，而且国家应当对渔药的安全使用进行严格监管，甚至部分调查者认为应该逐步推行"产品准出"和"市场准入制度"，避免问题水产品上市面对消费者（见表6-11）。

表 6-11　被调查对象对水产养殖过程使用渔药的态度

| 上海市 | | 可以使用，但使用不该超标 | 应禁止使用一切渔药 | 可以使用，国家应该对渔药的安全使用严格监管 | 可以使用，当应该实施"产品准出"和"市场准入"制度 |
|---|---|---|---|---|---|
| | 样本数 | 120 | 0 | 91 | 33 |
| | 比例（%） | 100 | 0 | 75.83 | 27.50 |
| 广州市 | | 可以使用，但使用不该超标 | 应禁止使用一切渔药 | 可以使用，国家应该对渔药的安全使用严格监管 | 可以使用，当应该实施"产品准出"和"市场准入"制度 |
| | 样本数 | 153 | 0 | 111 | 46 |
| | 比例（%） | 99.35 | 0 | 72.08 | 29.87 |

数据来源：问卷调查统计数据。

**（4）消费者对水产品渔药和重金属残留安全水平的评价**

为了调查消费者对水产品渔药和重金属残留的评价，本书在问卷中设置了有关水产品渔药和重金属残留水平是否符合安全要求的问题。根据调查结果显示，上海市和广州市两地各有10%左右的被调查对象不相信我国水产品的渔药和重金属残留水平符合食用安全要求。除此之外，其余的被调查对象中各有一半选择"相信"和"部分相信"渔药和重金属残留水平仍然符合食用安全要求（见表6-12）。结果说明仍有众多消费者对水产品渔药和重金属残留问题持有怀疑态度，这一看法在一定程度上驱使消费者少消费水产品或者从消费普通水产品转向消费安全水产品。

表 6-12　被调查对象对水产品渔药和重金属残留安全水平的评价

| 上海市 | | 坚信 | 相信 | 部分相信 | 不太相信 | 完全不相信 |
|---|---|---|---|---|---|---|
| | 样本数 | 0 | 54 | 54 | 12 | 0 |
| | 比例（%） | 0 | 45.00 | 45.00 | 10.00 | 0 |
| 广州市 | | 坚信 | 相信 | 部分相信 | 不太相信 | 完全不相信 |
| | 样本数 | 0 | 70 | 68 | 16 | 0 |
| | 比例（%） | 0 | 45.45 | 44.16 | 10.39 | 0 |

数据来源：问卷调查统计数据。

**（5）消费者对不同类别水产品的质量安全评价**

目前，水产市场上的水产品可以按其来源和生产过程粗略地分为三类，即养殖水产品、捕捞水产品、水产加工品。对于这三类不同水产品的总体质量安全水平，通过调查发现，上海市和广州市两地均有约38%的被调查者认为渔业产品质量安全水平按由高至低排序应为：捕捞水产品、养殖水产品、水产加工品；其次，分别选择养殖水产品、捕捞水产品、水产加工品和养殖水产品、水产加工品、捕捞水产品（见表6-13）。消费者对此问题的观点会在很大程度上影响其对不同类别水产品的采购决策和消费行为。实践表明，中国水产品种类繁多，养殖、捕捞和加工的具体过程差别很大，渔业产品质量安全水平的实际情况非常复杂，只能具体情况具体分析，无法简单说明哪一类水产品的质量安全水平超过另外一类水产品。

表 6-13 被调查对象对不同类别水产品的质量安全评价（由高至低排列）

| | | 样本数 | 比例（%） |
|---|---|---|---|
| 上海市 | 养殖水产品、捕捞水产品、水产加工品 | 36 | 30.00 |
| | 养殖水产品、水产加工品、捕捞水产品 | 36 | 30.00 |
| | 捕捞水产品、养殖水产品、水产加工品 | 46 | 38.33 |
| | 捕捞水产品、水产加工品、养殖水产品 | 2 | 1.67 |
| | 水产加工品、捕捞水产品、养殖水产品 | 0 | 0 |
| | 水产加工品、养殖水产品、捕捞水产品 | 0 | 0 |
| | | 样本数 | 比例（%） |
| 广州市 | 养殖水产品、捕捞水产品、水产加工品 | 46 | 29.87 |
| | 养殖水产品、水产加工品、捕捞水产品 | 47 | 30.52 |
| | 捕捞水产品、养殖水产品、水产加工品 | 58 | 37.66 |
| | 捕捞水产品、水产加工品、养殖水产品 | 3 | 1.95 |
| | 水产加工品、捕捞水产品、养殖水产品 | 0 | 0 |
| | 水产加工品、养殖水产品、捕捞水产品 | 0 | 0 |

数据来源：问卷调查统计数据。

（6）消费者对安全水产品的了解情况

目前，水产市场上根据渔业产品质量安全认证种类对水产品的分级基本为：普通水产品、无公害水产品、绿色水产品和有机水产品，其中无公害水产品、绿色水产品和有机水产品又被统称为"安全水产品"。通过调查发现，上海市和广州市两地的所有被调查对象都听说过无公害水产品、绿色水产品和有机水产品，也见过各种安全水产品认证的标识标志。上海市和广州市被调查对象对安全水产品的最主要听说和了解途径都是电视和报纸（见表 6-14）。从两地的听说途径看出，安全水产品的宣传途径已经逐渐多样化，不过仍主要集中在电视和报纸上，有关部门还可以加强其余的宣传方法，拓展宣传途径。

表6-14 被调查对象听说安全水产品的信息来源

| | | 收音机 | 电视 | 报纸 | 杂志 | 网络 | 别人说的 | 产品包装 | 其他 |
|---|---|---|---|---|---|---|---|---|---|
| 上海市 | 样本数 | 41 | 110 | 115 | 23 | 13 | 0 | 0 | 0 |
| | 比例（%） | 34.17 | 91.67 | 95.83 | 19.17 | 10.83 | 0 | 0 | 0 |
| 广州市 | | 收音机 | 电视 | 报纸 | 杂志 | 网络 | 别人说的 | 产品包装 | 其他 |
| | 样本数 | 55 | 137 | 148 | 34 | 20 | 0 | 0 | 0 |
| | 比例（%） | 35.71 | 88.96 | 96.10 | 22.08 | 12.99 | 0 | 0 | 0 |

数据来源：问卷调查统计数据。

根据调查结果显示，上海市和广州市两地被调查对象见过安全水产品标识的信息来源基本类似，最主要是电视，其次就是报纸和杂志，再次就是收音机和网络，最后才是产品包装（见表6-15）。此结果说明，安全水产品包装上的标识标签使用率有点过低，今后有关部门应当加强认证产品的用标管理，提高标识标签使用率，扩大认证产品的影响面。消费者对安全水产品的接触和了解情况会在很大程度影响其对安全水产品的消费行为决策，安全水产品包装上的标识标签使用率过低，自然也降低了消费者对安全水产品的消费频率和支付意愿。

表6-15 被调查对象见过安全水产品标识的信息来源

| | | 收音机 | 电视 | 报纸 | 杂志 | 网络 | 别人说的 | 产品包装 | 其他 |
|---|---|---|---|---|---|---|---|---|---|
| 上海市 | 样本数 | 37 | 120 | 73 | 62 | 23 | 0 | 8 | 0 |
| | 比例（%） | 30.83 | 100 | 60.83 | 51.67 | 19.17 | 0 | 6.67 | 0 |
| 广州市 | 样本数 | 45 | 154 | 98 | 71 | 26 | 0 | 10 | 0 |
| | 比例（%） | 29.22 | 100 | 63.64 | 46.10 | 16.88 | 0 | 6.49 | 0 |

数据来源：问卷调查统计数据。

（7）消费者对安全水产品分级标准执行情况的评价

根据国家农业部和认监委对农产品"三品"认证体系的设计，三种农产品认证对于水产品中渔药和重金属残留等安全卫生指标的要求存在差异，有机水产品安全等级最高，绿色水产品次之，最后是无公害水产品。调查结果显示，上海市和广州市调查结果相似，两地被调查对象既没有选择"非常相信"，也没有选择"基本不信"和"完全不信"；上海市选择"基本相信"和"部分相信"的比例分别为46.67％和53.33％；广州市选择"基本相信"和"部分相信"的比例分别为46.10％和53.90％。结果表明，消费者对安全水产品分级标准执行力的信任度上仍有很大提升空间，偏低的信任度很大程度上拉低了消费者对安全水产品的支付意愿。

## 6.4　消费者对渔业产品质量安全的购买意愿和行为选择

### （1）消费者对不同安全水产品的购买意愿

为了调查消费者对不同安全水产品的认可度和信任度，本书在问卷调查中设置了"假设不考虑价格因素，消费者会考虑优先选择购买哪一种水产品"的问题。调查结果显示，上海市有60％的被调查者选择购买绿色水产品；广州市则有57.79％的被调查者选择购买绿色水产品（见表6-16）。从结果看来，消费者对于绿色水产品的信任度和喜爱度最高，无公害水产品次之，再次才是有机水产品。在不考虑价格因素的情况下，所有消费者都会选择安全水产品，而不会考虑购买普通水产品，这说明假如能将安全水产品的价格降低到绝大部分消费者可接受程度时，水产市场自然会将普通水产品挤出市场。而且在不同安全水产品价格接近的情况下，由于消费者对绿色水产品的信任度和偏好程度最高，消费者也会倾向于采购和消费绿色水产品。

表 6-16　在不考虑价格因素情况下被调查对象对

不同安全水产品的购买意愿

| 上海市 | | 普通水产品 | 无公害水产品 | 绿色水产品 | 有机水产品 | 说不清楚 |
|---|---|---|---|---|---|---|
| | 样本数 | 0 | 34 | 72 | 14 | 0 |
| | 比例（%） | 0 | 28.33 | 60.00 | 11.67 | 0 |
| 广州市 | | 普通水产品 | 无公害水产品 | 绿色水产品 | 有机水产品 | 说不清楚 |
| | 样本数 | 0 | 43 | 89 | 20 | 2 |
| | 比例（%） | 0 | 27.92 | 57.79 | 12.99 | 1.30 |

数据来源：问卷调查统计数据。

### （2）消费者的水产品消费经历

消费者的消费习惯，也就是过去的消费经历，对其渔业产品质量安全购买行为和支付意愿具有重要影响。调查发现，上海市和广州市两地被调查对象曾采购过的安全水产品中按比例高低依次为无公害水产品、绿色水产品和有机水产品（见表 6-17）。在不考虑其他因素的情况下，消费者消费经历对将来的消费行为具有很强的导向作用。

表 6-17　被调查对象的水产品消费经历

| 上海市 | | 普通水产品 | 无公害水产品 | 绿色水产品 | 有机水产品 | 不清楚 |
|---|---|---|---|---|---|---|
| | 样本数 | 55 | 58 | 43 | 5 | 0 |
| | 比例（%） | 45.83 | 48.33 | 35.83 | 4.17 | 0 |
| 广州市 | | 普通水产品 | 无公害水产品 | 绿色水产品 | 有机水产品 | 不清楚 |
| | 样本数 | 72 | 76 | 57 | 9 | 0 |
| | 比例（%） | 46.75 | 49.35 | 37.01 | 5.84 | 0 |

数据来源：问卷调查统计数据。

### （3）消费者对安全水产品的高价支付意愿

相对普通水产品来说，生产安全水产品、营建和维持水产品优质品牌的成本较高，生产经营企业在安全水产品的生产供应链各环节均需要投入大量的人力、物力和财力，因此在市场上安全水产品的售价也相应地高于普通水产品。本书调查了"假设政府对市场上的水产品进行分级、严格监管并予以加贴认证标识的情况下，消费者对高价安全水产品的支付意愿"，上海市和广州市只有分别 4.17％和 5.84％的被调查者明确回答愿意对安全水产品支付较高的价格，其余的被调查对象均表示"看情况"才能决定是否愿意支付更高的价格购买安全水产品。这说明消费者仍然非常看重水产品价格，价格是影响消费者购买行为的关键因素之一。

（4）消费者愿意选购高价安全水产品的目的

通常说来，消费者购买水产品可能是自己及家人消费或用于送礼馈赠，本书通过问卷，调查了消费者对于哪种用途更愿意支付较高价格购买安全水产品。结果显示，上海市和广州市绝大多数被调查对象均认为购买高价安全水产品主要是为了自己及家人消费，少数人才选择是为了送礼馈赠才舍得花高价购买水产品送礼馈赠（见表 6-18）。

表 6-18　被调查对象愿意选购高价安全水产品的目的

| | | 自己及家人消费 | 送礼馈赠 | 两种用途一样 |
|---|---|---|---|---|
| 上海市 | 样本数 | 105 | 15 | 0 |
| | 比例（％） | 87.50 | 12.50 | 0 |
| | | 自己及家人消费 | 送礼馈赠 | 两种用途一样 |
| 广州市 | 样本数 | 135 | 19 | 0 |
| | 比例（％） | 93.10 | 12.34 | 0 |

数据来源：问卷调查统计数据。

（5）消费者不愿意支付高价购买安全水产品的理由

根据调查结果显示，上海市和广州市两地被调查对象不愿意支付高价购买水产品就是因为"安全标识不可信"，对各种安全水产品缺乏信任和信心。看来，必须加强安全水产品的质量安全抽检力度，严厉打击各种违法使用认证标识标签的不法行为，防止认证产品出现假冒伪劣情况，建设认证产品的质量安全信息发布机制，创建质量安全信息平台，积极打造认证品牌影响力，提升认证品牌的知名度和美誉度。

## 6.5　消费者对渔业产品质量安全支付意愿的计量分析

所谓支付意愿，即指消费者能接受安全水产品的价格比普通水产品高出多少的意愿。众多研究一致表明，影响被调查者对渔业产品质量安全的认知程度和支付意愿的因素主要包括性别、年龄、受教育程度等人口统计特征及有关因素。影响因素稍有差异，消费者对渔业产品质量安全的评价和选择就会持有不同意见。为深入探析消费者的认知和选择差异，利用问卷调查获得的信息和数据，选择 Logit 回归模型为消费者对渔业产品质量安全支付意愿进行计量分析。

（1）渔业产品质量安全支付意愿的理论模型

Logit 回归模型把分类的因变量通过 Logit 分析方法转换成分类变量的概率比，从而成为连续的有区间限制的变量。当在食品质量安全领域利用 Logit 回归模型研究支付意愿时，可以把消费者购买食品的效用设为被调查者个体特征和食品价格的函数，即

$U = f$（被调查者个体特征，食品价格）

$\quad = f$（食品价格，性别，年龄，受教育程度，收入等）

或 $\quad U_{in} = \beta_{io} + \beta_{i1}p_{in} + \beta_{i2}x_{n1} + \cdots + \beta_{ik}x_{n(k-1)} + \varepsilon_{in}$ （6-1）

这模型就是 Ben 和 Lerman 于 1985 年，Chen 和 Chern 于 2002 年，侯守礼、王威和顾海英于 2004 年等在研究中所使用的线性参数随机效用函数。其中 $U_{in}$ 是第 $n$ 个消费者选择食品 $i$ 的效用，$p_{in}$ 是第 $n$ 个消费者购买食品 $i$ 的价格，$x_{n1} + \cdots + x_{n(k-1)}$ 是第 $n$ 个消费者的个体特征（例如性别、年龄、受教育程度、收入等）。$\varepsilon_{in}$ 是误差项。$\beta_{i0}$，$\beta_{i1}$，$\beta_{i2}$，$\cdots$，$\beta_{ik}$ 是估计参数。

第 $n$ 个消费者购买食品 $i$ 的概率则为：

$$P_n = \frac{1}{1 + \exp(-\sum b_{in}x_{in})} = \frac{\exp(\sum b_{in}x_{in})}{1 + \exp(\sum b_{in}x_{in})} = \frac{\exp(U_{in})}{\sum_{j} \exp(U_{jn})} \quad （6-2）$$

假设事件发生的概率与自变量的关系服从 Logit 函数分布。为了进

行 Logit 回归，需要将自变量的线性组合转换到等式的一边，使等式可以表示为自变量的线性表达式，通过 Logit 转换，可以得到概率函数与自变量之间的线性表达式：

$$\ln\left[\frac{P_n}{1-P_n}\right] = \sum (b_{in} x_{in}) \tag{6-3}$$

该式可以定义为：

$P$ = 事件发生（购买安全水产品）的概率；

$1-P$ = 事件不发生（购买普通水产品）的概率；

$\dfrac{P}{1-P}$ = 事件发生与否的概率比，又可称为相对风险。

另外也可定义对数发生比 $\pi$，也就是对事件发生与否的概率比求自然对数，即

$$\pi = \ln\left[\frac{P_n}{1-P_n}\right] = \sum (b_{in} x_{in})$$

显而易见，消费者在普通食品和安全食品之间进行选择时，在边际上要满足最后一单位选择食品的效用相等的原则，因此消费者对于安全食品的支付意愿，就可以用下式表达：

$$\beta_1 p_{0n} + \varepsilon_{0n} = \beta_{i0} + \beta_1 (p_{in} + WTP_{in}) + \beta_{i2} x_{n1} + \cdots + \beta_{ik} x_{i(k-1)} + \varepsilon_{in}, \quad i=1 \tag{6-4}$$

假设误差项的期望 $E(\varepsilon_{in}) = 0$，那么消费者每一种选择的支付意愿可以用下式计算：

$$\overline{WTP_i} = -\frac{1}{\beta_1}(\beta_{i0} + \beta_{i2}\overline{x_1} + \cdots + \beta_{ik}\overline{x_{k-1}}) \tag{6-5}$$

（2）变量选择和计量模型设定

根据上述理论模型，本书假设影响消费者对渔业产品质量安全支付意愿的因素主要有：消费者的个体特征（性别、年龄、受教育程度、家

庭结构、收入等）、安全水产品的价格、消费者对渔业产品质量安全的认知程度和消费者是否经常购物等。因此，消费者购买安全水产品的 Logit 回归模型可以表示为：

$$y^* = \beta_0 + \beta_1 X_1 + \beta_2 X_2 + \beta_3 X_3 + \cdots + \beta_9 X_9 + \beta_{10} X_{10} \qquad (6-6)$$

假设消费者购买普通水产品时，$y^*$ 用 0 表示，如果购买安全水产品，$y^*$ 则用 1 表示。解释变量包括安全水产品的价格，消费者的个体特征（如性别、年龄、教育、职业、家庭人口，收入等），消费者对渔业产品质量安全的认知程度和消费者食用频率等。各解释变量中只有安全水产品的价格变量是连续变量，其余变量都以分类变量表示（见表 6-19）。而且为了简便，个别变量还做了归类处理。

表 6-19　模型中变量的定义

| 变量名 | 定义 |
| --- | --- |
| Price | 安全水产品的价格（假设普通水产品价格为 20 元 /kg 时）。≤ 20 元 /kg 为 0；21 ～ 30 元 /kg 为 1；31 元 /kg 以上为 2 |
| Age | 年龄。20 岁以下为 1；21 ～ 25 岁为 2；26 ～ 30 岁为 3；31 ～ 40 岁为 4；41 ～ 50 岁为 5；51 ～ 65 岁为 6；65 岁以上为 7 |
| Gender | 性别。女性为 0，男性为 1 |
| Married status | 婚否。已婚为 1，其他（单身、离婚、孤寡）为 0 |
| Education | 教育程度。小学及以下为 1；初中毕业为 2；高中或中专在读为 3；高中或中专毕业为 4；大学在读为 5；大学毕业为 6；研究生在读为 7；研究生毕业为 8 |
| Family Size | 家庭人口。1 人为 1；2 人为 2；3 人为 3；4 人为 4；5 人及以上为 5 |
| Occupation | 职业。其他为 0；失业为 1；工人、农民为 2；公务员、科研人员、教师、医生、军人、记者、普通职员为 3；律师、金融从业人员、高级职员、企业主为 4 |
| Income | 月收入。1 000 元以下为 1；1 001 ～ 2 000 元为 2；2 001 ～ 3 000 元为 3；3 001 ～ 4 000 元为 4；4 001 ～ 5 000 元为 5；5 001 ～ 6 000 元为 6；6 001 ～ 7 000 元为 7；7 001 元及以上为 8 |

（续表）

| 变量名 | 定义 |
|---|---|
| Consumption Frequency | 食用频率。从不为1；甚少为2；偶尔为3；经常为4 |
| Credit | 水产品安全性评价。完全不相信为1；不太相信为2；部分相信为3；相信为4；坚信为5 |

**（3）上海市消费者的支付意愿**

根据上述模型理论和变量选择，利用问卷调查获取的数据，通过Eviews5.0软件针对上海市消费者对渔业产品质量安全的支付意愿进行了二元 Logit 模型回归分析。表 6-20 就是使用了所有变量进行回归后的分析结果。

表 6-20　使用所有变量进行 Logit 回归分析后的模型参数（上海）

| Variable | Coefficient | Std.Error | z-Statistic | Prob. |
|---|---|---|---|---|
| C | −2.298 234 | 2.077 350 | −1.106 330 | 0.268 6 |
| Price | −0.114 364 | 0.412 376 | −0.277 329 | 0.081 5 |
| Age | −0.131 037 | 0.211 332 | −0.620 054 | 0.535 2 |
| Gender | 0.593 703 | 0.417 347 | 1.422 563 | 0.134 9 |
| Married status | 0.225 418 | 0.393 244 | 0.573 227 | 0.566 5 |
| Education | 0.006 609 | 0.095 181 | 0.069 435 | 0.944 6 |
| Family Size | 0.071 726 | 0.163 101 | 0.439 761 | 0.660 1 |
| Occupation | 0.151 115 | 0.145 837 | 1.036 189 | 0.100 1 |
| Income | 0.099 793 | 0.313 656 | 0.318 162 | 0.050 4 |
| Consumption Frequency | 0.071 026 | 0.327 793 | 0.216 678 | 0.828 5 |
| Credit | 0.332 550 | 0.303 204 | 1.096 786 | 0.122 7 |

根据本书研究特点和数据情况，选择 15% 的显著性水平。分析表6-20 数据后发现，年龄、婚否、教育程度、家庭人口和食用频率等几个变量的回归结果都不显著，说明消费者对渔业产品质量安全的支付意愿与上述几个变量关联度不大，所以此几个变量可以看作 Logit 回归模型中

不必要的变量。

删除年龄、婚否、教育程度、家庭人口和食用频率等几个变量后，再进行了一次回归，回归结果见表6-21。

表6-21 删除不必要变量再进行Logit回归分析获得的模型参数（上海）

| Variable | Coefficient | Std.Error | z-Statistic | Prob. |
|---|---|---|---|---|
| C | −2.181 842 | 1.404 759 | −1.553 179 | 0.120 4 |
| Price | −0.193 350 | 0.396 165 | −0.488 053 | 0.065 5 |
| Gender | 0.581 468 | 0.404 742 | 1.436 638 | 0.150 8 |
| Occupation | 0.130 840 | 0.139 840 | 0.935 643 | 0.139 5 |
| Income | 0.106 070 | 0.306 787 | 0.345 746 | 0.049 5 |
| Credit | 0.377 614 | 0.289 162 | 1.375 057 | 0.119 1 |

从表6-21中的结果可以看出，安全水产品价格和月收入的显著性最高，其他变量的显著性基本在可接受范围之内。安全水产品价格的系数为负值，说明安全水产品的价格越高，消费者对于安全水产品的支付意愿会随之降低。其他变量的系数均为正值，说明男性支付意愿高于女性；职业越好，收入越高，水产品安全性评价越好，支付意愿也越高，反之亦然。

同时，根据问卷调查数据可以计算得到表6-22所示的各变量样本均值。根据式（6-5），就可以利用Logit回归分析的结果和模型中各变量的样本均值估计上海市消费者对渔业产品质量安全的支付意愿。

表6-22 模型中各变量的样本均值（上海）

| 变量名 | 样本均值 |
|---|---|
| Gender | 0.675 |
| Occupation | 2.508 |
| Income | 2.567 |
| Credit | 3.333 |

$$\overline{WTP_i} = -\frac{1}{\beta_1}(\beta_{i0} + \beta_{i2}\overline{x_1} + \cdots + \beta_{ik}\overline{x_{k-1}})$$

$$= -\frac{1}{0.193350}(-2.181842 + 0.581468 \times 0.675 + 0.130840 \times 2.508$$

$$+ 0.106070 \times 2.567 + 0.377614 \times 3.333)$$

$$= 0.360\ 204$$

因此，全部被调查者平均支付意愿为36.02%，也就是说，消费者愿意为安全水产品支付高出普通水产品36.02%的价格。

（4）广州市消费者的支付意愿

根据上述模型理论和变量选择，利用问卷调查获取的数据，通过Eviews5.0软件针对上海市消费者对渔业产品质量安全的支付意愿进行了二元Logit模型回归分析。表6-23就是使用了所有变量进行回归后的分析结果。

表6-23　使用所有变量进行Logit回归分析后的模型参数（广州）

| Variable | Coefficient | Std.Error | z-Statistic | Prob. |
|---|---|---|---|---|
| C | −0.844 631 | 1.563 699 | −0.540 149 | 0.589 1 |
| Price | −0.355 350 | 0.354 809 | −1.001 524 | 0.076 6 |
| Age | −0.341 623 | 0.172 667 | −1.978 510 | 0.247 9 |
| Gender | 0.353 311 | 0.351 221 | 1.005 952 | 0.134 4 |
| Marital status | 0.318 979 | 0.337 686 | 0.944 601 | 0.344 9 |
| Education | 0.024 404 | 0.085 754 | 0.284 588 | 0.776 0 |
| Family Size | −0.081 108 | 0.146 912 | −0.552 083 | 0.580 9 |
| Occupation | 0.135 951 | 0.130 602 | 1.040 954 | 0.097 9 |
| Income | 0.166 847 | 0.213 454 | 0.781 653 | 0.064 4 |
| Consumption Frequency | 0.092 887 | 0.283 756 | 0.327 349 | 0.743 4 |
| Credit | 0.278 384 | 0.265 589 | 1.048 176 | 0.124 6 |

根据本书研究特点和数据情况，选择15%的显著性水平。分析上表数据后发现，年龄、婚否、教育程度、家庭人口和食用频率等几个变量的回归结果都不显著，说明消费者对渔业产品质量安全的支付意愿与上

述几个变量关联度不大，所以此几个变量可以看作 Logit 回归模型中不必要的变量。

删除年龄、婚否、教育程度、家庭人口和食用频率等几个变量后，再进行了一次回归，回归结果见表 6-24。

表 6-24　删除不必要变量再进行 Logit 回归分析获得的模型参数（广州）

| Variable | Coefficient | Std.Error | z-Statistic | Prob. |
|---|---|---|---|---|
| C | −1.225 782 | 1.126 787 | −1.087 856 | 0.276 7 |
| Price | −0.411 223 | 0.340 519 | −1.207 634 | 0.067 2 |
| Gender | 0.335 424 | 0.342 855 | 0.978 326 | 0.147 9 |
| Occupation | 0.127 383 | 0.125 787 | 1.251 188 | 0.120 9 |
| Income | 0.149 781 | 0.210 464 | 0.854 215 | 0.063 0 |
| Credit | 0.136 414 | 0.249 812 | 0.666 158 | 0.115 3 |

从表 6-24 的结果可以看出，安全水产品价格和月收入的显著性最高，其他变量的显著性基本也在可接受范围之内。安全水产品价格的系数为负值，说明安全水产品的价格越高，消费者对于安全水产品的支付意愿会随之降低。其他变量的系数均为正值，说明男性支付意愿高于女性；职业越好，收入越高，水产品安全性评价越好，支付意愿也越高，反之亦然。

同时，根据问卷调查数据可以计算得到表 6-25 所示的各变量样本均值。根据式（6-5），就可以利用 Logit 回归分析的结果和模型中各变量的样本均值估计广州市消费者对渔业产品质量安全的支付意愿。

表 6-25　模型中各变量的样本均值（广州）

| 变量名 | 样本均值 |
|---|---|
| Gender | 0.636 |
| Occupation | 2.539 |
| Income | 2.591 |
| Credit | 3.351 |

$$\overline{WTP_i} = -\frac{1}{\beta_1}(\beta_{i0} + \beta_{i2}\overline{x_1} + \cdots + \beta_{ik}\overline{x_{k-1}})$$

$$= -\frac{1}{0.411\ 223}(-1.225\ 782 + 0.335\ 424 \times 0.636 + 0.127\ 388 \times 2.539$$

$$+ 0.149\ 781 \times 2.591 + 0.136\ 414 \times 3.351)$$

$$= 0.379\ 735$$

因此，全部被调查者平均支付意愿为 37.97%，也就是说，消费者愿意为安全水产品支付高出普通水产品 37.97% 的价格。

## 6.6  本章小结

1）渔业产品质量安全消费者行为的影响因素包括：消费者个体特征、消费者评价、经济因素、社会文化特征和其他。消费者个体特征主要包括：年龄、性别、婚否、月收入、从事职业、教育程度、家庭人口等。经济因素主要包括：安全水产品价格、普通水产品价格和替代产品价格。消费者评价主要包括消费者对渔业产品质量安全问题评价、对水产品安全性评价和对水产品分级可信度。社会文化特征主要指消费习惯、饮食传统和食用频率等。其他则主要包括舆论宣传、购买场所、认证情况和水产品品牌。

2）水产品消费者调查情况概述：水产品的消费者以男性为主，约占 2/3；消费者群体以 26～30 岁区间分布最大；单身与已婚者各占一半左右；受教育程度按比例大小排前四位的分别是大学毕业、初中毕业、高中或中专毕业和研究生毕业；从事职业按比例大小排前四位的分别是普通职员、其他职业、教师、高级职员；将近一半被调查对象的家庭人口为 3 人；被调查对象月收入大多在 1 001～3 000 元区间。

3）消费者的质量安全认知水平。所有被调查对象都显示出对渔业产品质量安全非常关心或比较关心；多数消费者相信水产品渔药和重金属残留符合安全要求，同时认为当前渔业产品质量安全问题非常严重；多数消费者对不同类别水产品的质量安全认识不清、了解不多；所有消费者均听说过各种安全水产品，也见过各种安全水产品标识，最主要信息来源为电视和报纸；多数消费者对安全水产品分级标准持部分相信态度。

4）消费者对渔业产品质量安全的购买意愿和行为选择。在不考虑价格情况下，多数消费者倾向于选购绿色水产品；众多消费者有购买无公害水产品或绿色水产品的经历；消费者对高价购买安全水产品的意愿并不坚决，高价购买安全水产品也主要是为了自己和家人消费；消费者不愿意高价购买安全水产品的原因主要在于对安全标识不信任。

5）通过消费者对渔业产品质量安全支付意愿的计量分析，上海市消费者愿意为安全水产品支付高出普通水产品36.02％的价格，广州市消费者愿意为安全水产品支付高出普通水产品37.97％的价格。

# 第7章 完善我国渔业产品质量安全管理机制

由于渔业产品的"信任品"和"经验品"特性以及水产市场的信息不对称性，渔业产品生产经营者维护自身的信息优势有助于追求个体经济利益的最大化，所以不会主动、积极地传递产品信息。信息不对称现象在无外界驱动力的情况下必然客观存在，从而出现"市场失灵"现象，仅仅依靠市场机制无法提高渔业产品生产经营者的质量安全意识。而且根据前面的研究内容可知，政府和政府官员也都会出现"寻租"行为，从而出现"政府失灵"现象，仅依靠政府监管也无法有效地提高渔业产品质量安全水平。因此，只有基于经济学和管理学角度出发，才能建立一个涉及所有行为主体和社会公众的科学完善的渔业产品质量安全管理机制。

## 7.1 管理机制形成机理

不论是多部门协同共管的挪威质量安全管理模式，还是单部门集权管理的泰国质量安全管理模式，都有其客观依据和实际需要。我国在完善渔业产品质量安全管理机制时，不能生搬硬套，必须根据我国渔业产品种类多、生产模式多种多样、规模小而散、技术落后、管理基础薄弱、管理制度不完善等渔业国情，建立和完善具有中国特色的渔业产品质量安全管理机制。

政府是渔业产品质量安全管理的核心"主体"。假如仅仅注重提高政府的监管机制，而忽视完善其余机制，不管将法律法规和管理制度完善得多么理想，不管行政监管和渔业执法如何到位，鉴于中国渔业幅员辽阔，无论投入多少人力、物力、财力和时间，总存在渔业生产经营投机行为的沃土，政府监管绝对难以面面俱到。只能说，政府监管越到位，制度越完善，越可以挤压生产经营者的机会主义行为空间，它们之间存在一个此消彼长的负相关关系。但是仅仅依靠政府监管，也不可能消灭所有渔业行业机会主义。因为对于风险喜好型的生产经营者来说，政府监管越严格，法律风险越大，其机会主义的回报率也会更高，违法违规行为的额外效用也越高，经济利益对生产经营者的机会主义行为驱动力更强。

渔业行业协会不但是政府监管的大"客体"，同时还是进行行业内部监督的"主体"。对于政府来说，行业协会不但是监管的对象，同时还是协助政府执行渔业产品质量安全管理的重要助手。在宣传渔业信息、提高生产经营者质量安全意识、介绍新技术、推行质量安全管理措施等方面，行业协会具有不可替代的作用。但如同政府监管一样，仅依靠行业协会的自律也难以有效提高行业内部的产品质量安全水平。

生产经营者是产品质量安全水平能否得到提高的关键所在，也是政府监管的主要"客体"。只有提高生产经营者的质量安全意识和认知能力，转变他们的生产经营观念和价值观，才能让他们明白坚持安全水产品生产有助于从长远意义上帮助其拓展销路并以优质高价获取更高的经济收益，有助于维护良好的渔业环境和经营环境并确保产业的可持续发展。只有通过生产经营者的自控行为，才能规避机会主义行为，关注质量安全，采取质量安全控制措施，守法守信地从事生产经营活动，自觉向市场和消费者提供优质、安全的水产品。

消费者是渔业产品质量安全的"受体"。从法律法规上或者情理上说，作为不安全水产品的受害者，消费者应该具有以低廉成本提请诉求的通畅渠道，这样才能提高水产品生产经营者的法律风险。完善的渔业产品质量安全管理机制，必然不能缺少媒体和社会公众的监督机制，有了他们的监督，渔业产品生产经营者采取机会主义行为才会更有忌惮，才会注意提高产品质量，创造企业声誉和产品品牌。

综上所述，完善的渔业产品质量安全管理机制应该包括政府监管机制、行业自律机制、生产经营者自控机制、消费者诉求机制和社会监督机制，它们的组成应该是个联动的完整体系，就像机器的组成部件，缺一不可。各个机制的主体之间也应该是个相互关联、相互补充、相互促进的关系，其框架可通过图7-1来展示。

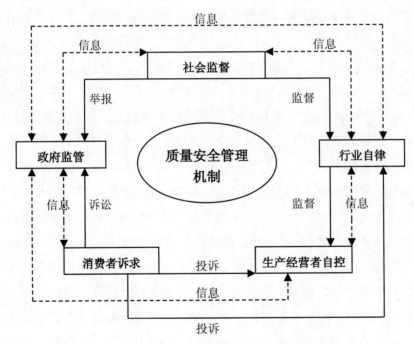

图7-1　完善的渔业产品质量安全管理机制框架

## 7.2　政府监管机制

### 7.2.1　政府监管的必要性和重要性

政府监管是市场机制进行自我调节的必要辅助，由于水产市场作为不完全竞争市场，市场内部的质量安全信息严重不对称，仅仅依靠市场机制难以实现自我调整、有效解决各种市场缺陷问题。居于信息优势地位的利益主体往往会维护这种优势，以便通过信息优势获取额外利益和效用，在无外界压力之下信息优势主体一般不会主动提供信息。而市场交易的信息劣势主体，为了签订契约，就必须付出更多的信息搜寻成本、交易方搜寻和谈判成本、契约维护成本，甚至在很多情况下，信息劣势方即使花费高昂的成本，也难以找到相关的可用信息。

很多情况下，即使渔业产品生产经营者完全按照法律法规和市场机制从事生产经营活动，但是由于水产品生产和经营过程中的非可控因素太多，质量安全影响因素的多种多样，也难以保证最终渔业产品的质量安全水平能完全达标符合食用要求。比如说水产企业的产品可能完全按照无公害养殖技术和良好操作规程进行养殖，且在内部质量安全控制措施的有效管理之下，最终出厂的水产品也可能会存在携带病原微生物、寄生虫、重金属超标等各种质量安全隐患，因为非人为的偶然因素也可能是影响产品质量安全水平的重要因素。

### 7.2.2　政府监管的优势

渔业产品质量安全问题的解决，必然离不开政府监管，作为渔业产品质量安全管理的核心主体，政府监管具有不可替代的优势，其主要原因在于以下几个方面。

（1）政府的"天然"职责

政府之所以存在，就是要为其所代表国家利益从事各种行政管理，规范社会和市场次序,维护社会安定和保障人民生活幸福。一个称得上"称职"的政府,监管食品质量安全,维护食用健康安全,肯定是政府部门的一个重要职能。假如政府对食品质量安全管理放任自流,不管市场上的食品安全与否,不管百姓是否会发生食物中毒发病抑或中毒致死,那么这个政府肯定也是一个"短命"政府,不能代表人民利益的政府就没有其存在的沃土。只有一个切身切实关心百姓利益的政府才会长久存在,为此,政府必须重视食品质量安全管理,这是关系民生的重要问题之一。

（2）垄断性的宏观调控力

政府具有垄断性的宏观调控力,其一举一动足以改变任何市场形势。水产市场,不但是一个不完全竞争市场还是一个充满信息不对称现象的市场,要让如此一个市场变得公平、公正、公开,必须有强有力的宏观政策、法律法规和制度制约,否则的话,有关占有信息优势和市场垄断地位的利益主体就会积极采取机会主义行为,追求额外效用的最大化,从而水产市场也会越发混乱和不堪,渔业产品质量安全就会愈发得不到保障。现实情况决定,只有唯一具有宏观调控力的政府,才能采取各种有效手段制约和减少利益主体的机会主义行为。

（3）组织优势,信息优势

中国政府的机构设置非常复杂和细致,只要在国土范围之内,就有与管理职能相对应的政府机构和官员。具体以渔业产品质量安全管理来说,就牵涉十多个不同部门的管理,每个部门都有遍布全国范围的下属单位,这就为渔业产品质量安全管理提供了组织条件和人员条件,除政府之外,没有机构能够提供如何庞大的国家机器来保障渔业产品质量安全。基于庞大而细致的政府部门设置,再加上相关的科技支撑和检验检测队伍,政府获取产品质量安全相关信息的能力明显要强于各利益主体,具有无可比拟的信息优势,这也就是说只有政府才能向生产者、经营者、消费者等在内的社会公众提供尽可能多的质量安全信息。

（4）具备各种强制性和间接性的监管手段

由于政府的特殊地位,在渔业产品质量安全管理领域,可以采取各种强制性或者间接性的行政管理、宏观调控、渔业执法等多种手段。同时，由于渔业行业和水产市场的特殊性、质量安全影响因素的多样性以及水产品的"经验品"和"信任品"属性，仅靠普通、简单的办法绝对难以有效、快速、不可逆转地提高渔业产品质量安全水平，杜绝各种质量安全影响因素。政府的各种监管手段是所有质量安全控制措施之中最为基础和关键的，政府监管是否到位和有效与否势必影响整个质量安全管理大局。

### 7.2.3　政府监管的对象和内容

政府监管的对象应该是与渔业产品生产供应链所有环节和相关产业有关的利益主体和各种生产经营活动，具体包括养殖渔民、养殖企业、水产品加工厂、水产品经营者、水产品出口商以及生产供应水产配合饲料、渔药、各种水产品加工添加剂等有关投入品的利益主体。假如政府对各利益主体不施行有效的监管，在无或低法律风险的约束下，利益主体就会在眼前经济利益的驱动下，大肆采取滥用渔药、胡乱使用添加剂（包括各种着色剂、保鲜剂和防腐剂等）、使用工业盐代替食用盐腌制咸鱼、假冒伪劣认证品牌等各种机会主义行为。

监管内容应该是市场机制无法自我调节或者仅仅依靠市场机制难以有效解决市场缺陷的渔业产品生产经营活动，这些活动也必然紧紧围绕着水产养殖、渔业捕捞、水产品加工、水产品经营等水产品和水产投入品的生产经营行为。与渔业产品质量安全有关的各项监管内容难以一一枚举，只能举例说明，如：渔业产品生产、运输、贮存、经营等环节所有活动是否遵守有关法律法规、政策制度、强制性标准；针对水产市场上的产品进行质量安全抽样检查和监督检验；水产品出口的强制性检验检疫；各种水产投入品是否合法生产、诚信经营、科学使用等。

### 7.2.4　完善政府部门对渔业产品质量安全的监管机制

政府的渔业质量安全管理体系安排和制度制定是国家通过垄断性调控力对水产市场主体行为的干预和调节。整个社会的资源分配要实现帕累托效率，仅靠市场机制远不能实现帕累托效率，必须借助政府行政监管和宏观调控才能实现社会资源分配和使用的公平、公正、效率。目前，政府对渔业产品质量安全的监管和调控途径已经发展得多种多样，当然每种途径都有其不同目的。

（1）质量安全管理制度的设计和发布

从制度经济学角度来说，制度在一定程度上还具备"信号"和"引导"功能，政府通过各种行政政策和管理制度，可以给予利益主体有关预期行为的信号，引导利益主体在生产、经营、消费过程中逐渐调整自己的各种市场行为并朝政府的预期目标发展。也可以说，制度安排，在一定程度上可以设计和规范预期的市场秩序，减少市场交易的不确定性，降低交易前、中、后成本，减少信息不对称现象，遏制机会主义行为。

（2）发展和完善渔业产品质量安全管理体系

虽说，目前中国的渔业产品质量安全管理七大体系（法律法规体系、标准体系、检验检测和环境监测体系、认证体系、技术推广体系、渔业执法体系、市场信息体系）中除了市场信息体系之外，都已经取得了重大进展，并且已开始对渔业产品质量安全管理起到重要作用（见第3.2.3节）。但是，目前各个管理体系都还无法达到理想目的，有待不断发展和完善。

（3）"分环节管理，分段负责"的全过程管理

渔业产品质量安全是个涉及环节众多，影响因素复杂的管理对象。鉴于所涉环节众多、各环节专业性强、复杂程度高，整个水产品生产供应链应该分环节进行管理，而且要求理顺部门职责，责任到位，防止职能交叉或者缺失。大概可以将渔业产品生产供应链分为以下5个核心环节。

1）水产育苗环节。加强育苗许可证管理制度，实施行业准入门槛

化管理，对水产良种和苗种实施检验检疫制度，要求育苗场引进的亲体必须来自具备合法资质的原、良种场，并且明确规定必须获得官方检疫合格证的水产苗种方可出售。

2）水产养殖环节。加强养殖发展的科学规划和合理布局，实施养殖准入和注册登记制度。严格把关养殖场场所选址。规定养殖用苗种必须购自具有合法育苗资质的育苗场，采购的苗种必须携带有检疫合格证。对配合饲料、饲料添加剂、渔药等养殖投入品的生产、经营、使用实行严格监管，防止使用高毒、高残留的渔药和化学物。加强养殖过程的日常管理、水质检验、病害防治和出厂产品检验工作，减少养殖环节的质量安全潜在危害。

3）渔业捕捞环节。严格实施渔船和渔民注册、登记制度，切实落实捕捞证制度。监督落实渔船捕捞作业的卫生操作标准。加强"禁渔期"的禁捕监督管理，逐步减少渔业捕捞，保障渔业资源的养护及渔业环境的修复。

4）水产加工环节。逐步从对出口水产品加工厂实施强制性 HACCP 认证向要求所有水产品加工厂强制通过 HACCP 认证进行转变。严格监控加工过程使用的各种添加剂的生产、经营和使用。加强水产加工厂的出厂检验工作，防止问题水产品流入市场，危害消费健康。

5）水产品经营销售环节。该环节是直接面向消费者的最后环节，因此必须确保该环节水产品的质量安全，否则将直接导致消费者食用安全事件。政府需要加强水产市场的渔业执法工作，加大水产品抽检广度和频度。在条件成熟时，"以点带面"逐步施行市场准入机制，将不法经营者逐出水产市场，营造"合法经营、诚信经营"的良好市场声誉。

（4）**拓展信息传播渠道，减少信息不对称现象**

政府部门作为公共组织必须极力拓展信息传播渠道，减少信息不对称现象。从政府部门的职能考虑，可以采取以下相关措施：①强制性要求生产者随着生产供应的水产品提供携带有关信息的产品标签，其信息应该包括比如产品名称、养殖场名称、加工厂名称、联系方式、捕获日期、产品等级、使用渔药和添加剂名称、是否遵守休药期等等；②鉴于政府在人力、物力和财力等方面的限制，应该积极创造各种条件，方便和鼓励消费者、社会公众和媒体对渔业产品质量安全问题进行社会监督，降低信息劣势方（如消费者）的法律诉讼成本；③尽快建设渔业信息化管理平台、产品质量安全信息平台和电子化可追溯系统，不断发布和更新渔业产品质量安全管理法律法规、质量安全标准、生产操作规范、水产品生产加工实时监控情报、水产市场产品抽检结果、政府部门例行监测结果等信息，提高消费者和社会公众对渔业产品质量安全的认知能力。

（5）逐步实施"执业准入、产品准出、市场准入"制度

由于当前我国渔业的特殊国情和行业特点，目前全面铺开实行"执业准入、产品准出、市场准入"制度的时机和条件均不成熟。但为了促进整个行业的良性发展，保障消费安全，提高产品出口的国际竞争力，必须科学规划和统筹管理渔业生产经营，规范行业生产经营秩序。有些渔业发达地区和条件成熟地区，可以尽早规定所有企业必须通过强制性认证，否则予以清退出渔业行业，加强养殖场和加工厂的产品出厂检测工作，经检测合格后方可上市销售，进入水产市场销售的水产品必须经过市场部门和国家质监部门抽检合格方可入场销售。然后再逐步推广到全国范围，严格按照制度要求统一和规范全国范围内的渔业生产经营活动。

## 7.3　行业自律机制

渔业行业协会主要是指由渔业生产经营者组成的，以经济活动为中心，将经济、技术协作为主要活动形式，本着自发、自愿、自律的原则建立起来的民间协作组织。其目的是为了实现、保护和发展某一渔业经济领域或某一渔业生产经营群体的经济利益。

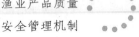

### 7.3.1　渔业行业协会现状和问题

**（1）渔业行业协会现状**

渔业行业协会在渔业经济发展过程中起到了巨大的推动作用，很大程度上起到了促进信息传播、减少信息不对称、降低交易成本、行业从业人员培训、行业自我约束和互助等作用。但是由于我国渔业生产的地域性特点，渔业行业协会在我国的发展极不平衡。全国性渔业行业协会稀少，地方性渔业行业协会也数量有限。渔业生产和出口位居第一的山东省，到目前为止还没有一家省级渔业行业协会。上海市也仅有一家省级渔业行业协会。因此，渔业行业发展远落后于渔业经济发展的需要，未能真正发挥有效的"行业自律"功能。

目前，全国性的渔业行业协会主要有：中国渔业协会、中国水产流通与加工协会、中国渔船渔机行业协会、中国渔船船东互保协会、中国鳗业联合会、中国海藻工业协会等。下面以中国渔业协会为例介绍全国性的渔业行业协会，成立于 1954 年，作为非营利性社会团体，最初的任务是协助政府解决我国与邻国的渔业关系，发展同各国渔业界的民间友好往来以及经济技术合作。后来随着渔业经济的发展和社会团体的重新定位，增加了多项职能：协助政府从事行业管理，规范行业行为，协调会员间关系，向政府反映会员意见和要求，维护会员合法权益；沟通渔业生产与科研、教学、推广部门的密切联系，为会员提供经营管理和渔业技术的培训和咨询，并提供渔业信息服务。

不过，目前越来越多的渔业企业和渔民已经认识到了自发组成渔业行业协会的重要性。在创新意识较浓厚、接受新鲜事物较快的浙江和广东等地，已经雨后春笋般地成立了各种地域性的民间渔业行业协会，仅广东省就有省级渔业行业协会 200 多家。根据不同标准，我们可以将渔业行业协会分为不同类别（见表 7-1）。

表 7-1 中国渔业行业协会类别

| 标准 | 类别 | 举例说明 |
| --- | --- | --- |
| 地域 | 全国性 | 中国渔业协会 |
| | 地方性 | 黑龙江省渔业协会 |
| 产业环节 | 育苗 | 湛江市对虾苗种协会 |
| | 养殖 | 奉化市水产养殖协会 |
| | 捕捞 | 盐城市涉外捕捞渔业协会 |
| | 加工流通 | 福建省水产加工流通协会 |
| | 出口 | 舟山市出口水产行业协会 |
| 产品种类 | 食用水产品 | 青岛市大菱鲆协会 |
| | 观赏鱼 | 葫芦岛市观赏鱼协会 |

**（2）渔业行业协会存在的问题**

1）受重视程度不够，地位不高，对其重要性认识不足。渔业行业协会作为一个新兴的自律性行业组织，其制度和管理机制都不够完善，行业协会既不同于政府部门拥有各种强制性权利和措施，又缺乏明显的威信和有效的管理手段，对渔业企业和渔民的约束力明显不足，开展自律性工作的难度很大，如何真正发挥其行业自律机制仍有待研究和提高。

2）协会体制存在先天缺陷。众多渔业行业协会是由渔业行政机构和垄断性渔业企业转制而来，很多工作人员也是从政府部门或者大型渔业企业交流而来，它们基本上受渔业主管部门或者行业内少数大型企业操纵，渔业行业协会在一定程度上还是有关利益集团的代表，难以做到非营利性公共组织最基本的"公平、公开、公正"。因此，正由于这种先天性的体制缺陷，渔业行业协会难以在广大渔民和渔业企业中建立崇高威信。

3）功能不完善，经费短缺。作为社会团体，渔业行业协会理应维护所有会员企业和渔民的利益，规范和统一会员的生产经营行为。可是，由于体制缺陷和经费来源的原因，当前很多渔业行业协会难以超脱地维护公共利益，自然影响了对渔业企业和渔民的吸引力，进而制约其发挥社会团体的全部功能。由于当前很多渔业行业协会的经费很大程度依赖于政府部门的支持，因此主要工作变成了为政府部门做数据收集、统计和处理或者传达政府文件等工作，严重偏离行业协会在理论上的功能和职责。

4）行业自律机制缺失。渔业行业协会中众多会员对自己的权利和义务认识不清，只想享受权利而不愿承担义务，在无外界压力的情况下更难以对自己实施自律。面对经济利益时，作为经济人，众多会员容易采取短视的机会主义行为，有时不惜牺牲行业整体利益和个人长期利益，甚至违反协会制度或者国家法律与规定。渔业行业协会需要对会员实行有效监督和采取制约、处罚措施，减少和杜绝会员的机会主义行为，维持行业协会的纯洁性和保障行业的集体利益。

5）缺乏高素质、创新性人才。不少渔业行业协会成了退休政府官员发挥余热、政府和国有企事业单位干部分流的好地方，他们相对缺乏创新意识，观念守旧，缺乏闯劲和开创精神，难以带领渔业协会真正成为完全意义上行业自律性组织。而且，部分从政府官员岗位上来到协会领导岗位的领军人，容易因为"心理优势"和"官本位"思想，难以屈尊去做思想工作吸纳会员，自然也增加了壮大渔业行业协会会员的难度。另外，由于其经费短缺，对吸引优秀人才从事公益工作也缺乏吸引力，难以建立和拥有一支高素质的专职人才队伍。

### 7.3.2　完善渔业行业协会对渔业产品质量安全的自律机制

**（1）解决渔业行业协会的体制问题，明确渔业行业协会的定位和职责**

若要充分发挥渔业行业协会的自律机制，首先需要解决渔业行业协会的体制问题，明确渔业行业协会的定位和职责。虽说从法律和政策上已规定了政府、民间团体和生产单位之间的相互关系，但是现实中三者的职责和关系难以完全分开。渔业行业协会必须脱离政府部门的实际操纵，避免成为政府和国企富余人员的分流地、后花园和养老院，这也是行业协会名存实亡、难以发挥公共组织应有作用的根本原因。行业协会作为自发性社团组织，应该由会员按照"民主集中制"公选领导，改变由政府任命的官僚作风，在重大决策上采取集体决策。

（2）明晰产权，权责分明，发挥行业协会的主观能动性

从管理学角度分析，产权明晰、权责分明是一个组织正常运转和发挥功能的核心基础。如果只有责任而没有相应的权利，不但组织和组织成员不会有前进的动力，而且还会引发消极怠工、成本增加、效率低下等各种负面影响；如果只赋予权利不设置责任，则会出现决策的随意性，甚至容易滋生腐败行为。只有实现明晰产权、权责对等，行业协会的领导才会以科学发展观指导其决策行为，积极发挥主观能动性。也只有如此，渔业行业协会才能轻装上阵，作为一个独立的决策主体去积极壮大协会队伍，促进协会会员间的信息交流，降低会员间的交易成本，规范和统一会员生产经营行为，从而也能降低政府部门的监管成本，弥补政府监控漏洞。

（3）建立一支优秀的行业协会人才队伍

为了有效地开展创新性工作，发挥民间团体的行业自律功能，行业协会必须积极创造条件吸引高素质的优秀人才不断加入到工作队伍之中：①行业协会需要根据工作需要和职位分配，科学、合理地设置工作岗位，再针对各个岗位提出明确的工作要求（如专业、学历、业务能力等）；②目标明确地到相关院校或在行业人才网站宣传协会人才需求，介绍协会发展前景，根据各岗位的工作要求严格筛选和接收最合适的优秀人才；③为入岗人才积极创造条件，提供展示其个人能力的工作舞台和空间；④不拘一格地提拔任用优秀人才，做到"人尽其能"。在内部用人上，领导层应该"任人唯贤、任人唯能"，最大程度上发掘人才、提拔人才、充分发挥人才的主观能动性，进而不断壮大和发展行业协会。

（4）采取各种措施完善行业协会功能，发挥民间团体的行业指导和自律作用

在解决体制问题和明晰权责的基础上，渔业行业协会应该采取多种措施吸纳参会会员，完善协会功能，发挥协会的行业指导和行业自律

作用。主要措施包括：①加大宣传和信息交流，发挥行业协会的信息传播功能；②以举办技术培训、产品推介、统购统销等多种办法，激励渔业企业和渔民积极加入行业协会；③帮助协会会员拓展销售渠道，努力争取优质产品的经济利益最大化，坚定、全力地维护协会会员的各种合法利益；④降低参会门槛，甚至不惜降低会费，让众多低收入渔民也能加入到行业协会之中，使协会成为真正的渔业行业各阶层的民间团体；⑤加大对会员的技术指导，加强会员的管理和监督，积极提高会员的质量安全意识，倡导合法生产、诚信经营理念，对违反协会规定的会员采取严厉的处罚措施（如罚款、向政府部门投诉撤销生产经营资格、公开违法违纪行为等）。

## 7.4　生产经营者自控机制

### 7.4.1　自控机制与渔业产品质量安全

由于生产经营者不但是渔业产品安全与否的直接相关者，还是质量安全出现问题的重要缘由，因此其行为与渔业产品质量安全水平具有最紧密的关联性。假如生产经营者重视产品质量安全问题，明白行为自控的重要性，自然就会分析生产经营过程中的危害因素和潜在缺陷，采取各种质量安全控制措施，加强生产经营的全过程质量安全管理，消除各种质量安全影响因素，最终产出、供应优质、安全、卫生的渔业产品。

2004 年宁波市统计局曾对市民进行过质量安全问题调查，结果显示：39.7% 的市民认为在所有食品中以水产品的质量安全问题最为突出，位居首位。其中涂有黄粉的小黄鱼，氨水、福尔马林浸泡的鳗干，药残超标的水产品等各种渔业产品质量安全问题，最令市民对市场上渔业产品质量安全感到失望。2006 年 11 月，上海市公布了 30 份多宝鱼样品全部查出环丙沙星、氯霉素、红霉素等多种禁用渔药残留以及土霉素等药物残留超标。2007年厦门市在一次针对水产干制品的市场抽检中，就检出5批次问题水产干货，其中主要问题是干制水产品中二氧化硫残留量不合格现象较为严重。

以上种种问题，均来自渔业产品的生产供应环节。可是，要想短期内提高生产经营者的质量安全意识，完善其质量安全自控机制，存在不少困难。一方面原因在于渔业产业规模小而分散的特点所决定。对于小规模的生产经营者来说，很多交易属于短期行为，几乎没有长期买卖，交易中的博弈行为也属于单次博弈，从不需要考虑为了维护长久、持续的合作关系而努力提高产品质量安全水平。只要能完成眼前的交易即可，眼下能赚钱就行，对于拉拢熟客的观念不重视。另一个原因在于当前的法律风险和市场环境下，各环节利益主体更看重经济利益。生产者不担心因为滥用渔药而卖不出产品，出口不行就做内销，这个市场不行就卖到另一个市场，水产品外观、形状好就能卖个好价钱，执法部门对国内市场的水产品进行质量安全检查力度远不足于震慑问题水产品生产经营者。水产品采购者和消费者，在采购和购买水产品时，只在乎产品的价格、规格、外形、鲜活程度，而不可能取样去化验检测一下。

因此，只有规模化、标准化、产业化渔业产品生产和经营，提高生产经营者的法律风险和道德观念，才能有效地提高生产经营者的质量安全意识，规避各种影响因素，完善生产经营者的自控行为，主动、切实、认真地进行危害分析和质量安全控制。

### 7.4.2 完善生产经营者对渔业产品质量安全的自控机制

自控机制，是一项基于品牌经营和诚信经营基础上的系统工程，在追求利益最大化的同时，还得兼顾同行、消费者和社会公众的经济效益和社会效益，不得在谋求额外利益时从事损害他人利益的行为。

（1）加强宣传教育，提高质量安全意识

目前，渔业产品生产经营者在信息获取途径上存在很大的局限性。

根据前几章提到的针对生产经营者的调查分析结果可知，渔业产品生产经营者主要仍单一地依靠负责人或者技术人员通过书籍、报刊、杂志等途径获取有关信息，缺少多样化的信息获取途径。政府和行业协会在开展面向基层的技术培训、质量安全管理培训、市场信息散播等方面存在较大漏洞，现有的各种培训机制存在面窄、频率低的问题，市场信息散播缺乏平台。只有通过加强宣传教育，才可能提高生产经营者的质量安全意识和对质量安全问题的认知水平，促使采取各种有效的质量安全控制措施，从主观层面降低生产经营者的逐利性行为决策概率，生产和供应安全水产品。

**（2）营建良好的外部环境：法律约束、道德风险、诚信经营和"优质优价"市场机制**

仅单一地加强宣传教育，从主管上提高生产经营者的质量安全认知水平和控制意愿，远不足以限制生产经营者追逐巨额额外利益的野心。除此之外，必须坚强外部影响环境的改良和完善，具体包括：①加强对生产经营者违法违规行为的法律约束力。②营造基于全社会"互信"、"互利"的市场道德基础。③倡导诚信经营、合法经营，建立良好的行业市场声誉。面对越来越多来自国内外消费者、社会公众对渔业产品质量安全的怀疑，生产经营者如想改变他们的观点和看法，必须倡导诚信经营、合法经营，营造良好的市场声誉，确保渔业行业的可持续发展。④加快营建"优质优价"的市场机制。生产经营者不愿意投入成本采用质量安全控制措施的最根本原因是对成本回收的预期不高以及优质产品的经济效益不明朗。为从经济角度驱使生产经营者生产和供应安全水产品，必须营建"优质优价"的市场机制，防止出现劣质品驱逐优质品的逆向选择现象。

**（3）建立完善的企业内部全过程质量安全管理措施和质量安全可追溯系统**

生产经营者必须从企业内部加强质量安全管理，进行渔业产品质量安全危害分析，找出关键控制点和不同环节的质量安全影响因素，分环节、分流程地制定和采取相适应的内部全过程质量安全管理措施，加强上岗人员的业务技能培训，明确各岗位职责，真正做到"岗位明确，责任到人，管理到位，措施有效"的企业内部全过程质量安全管理。

有了科学、合理的企业内部全过程质量安全管理措施，建立渔业产品质量安全可追溯系统就有了制度保障和基础条件。质量安全可追溯系统的核心和关键在"信息流"，包括产品种类、生产经营者联系方式、养殖方式、投入品使用情况、病害防治、水质检测结果、加工方式、添加剂成分、产品检测结果等各种信息的储存和传递。完整的产品信息，确保了当出现渔业产品质量安全事件时，不管产品流通到哪个环节哪个过程，都可以通过产品标签、追溯卡、追溯条码等不同的追溯方法将产品溯源到生产源头，最小化经济损失和避免社会恐慌。

（4）提高机会主义行为查处力度和处罚力度，推行市场监管信息公布机制

生产经营者所有机会主义行为的唯一根源就是追求额外经济利益和额外效用。假如能降低生产经营者对机会主义行为额外利益和效用的预期，自然就能减少水产市场上的机会主义行为。用以降低其预期的最好办法主要有：①提高被发现的概率。加强渔业执法队伍的建设，强化水产市场产品抽检的广度和频率。②加大处罚力度。现有渔业违法违规行为的处罚力度较小，既不能对生产经营者形成强烈的震慑作用，也不能阻止受到查处的生产经营者继续从事机会主义行为。

今后，需要加强覆盖渔业产品生产供应链全过程的执法力度，加强监管的广度和频率，严格渔业产品的入场质量安全把关，提高机会主义行为的发现概率，加大违法违规事件的处罚力度，逐步推行市场准入机制，逐步减小并消除生产经营者从事机会主义行为的预期额外效益，建立市场监管信息发布平台，将不法生产经营者的机会主义行为曝光于消费者和社会公众面前，减少不法生产经营者的生存空间，断绝其查处后继续从事机会主义行为的后路，肃清水产市场的机会主义行为，驱使生产经营者遵从"合法经营"和"诚信经营"原则。

## 7.5　消费者诉求机制

### 7.5.1　消费者诉求的必要性和重要性

1）消费者具有诉求的法律地位。消费者，作为渔业产品交易中的信息劣势方和问题水产品的直接受害者，有权利通过各种手段维护自己的健康权利，保障食用安全。《消费者权益保护法》《农产品质量安全法》、《产品质量法》等法律法规明确规定了消费者享有诉求权利，具体包括就消费商品的质量、卫生、安全等问题和权益保护工作，向生产经营者或有关政府机构进行建议、投诉、检举或诉讼的权利。同时，法律还规定消费者有权检举、控告侵害消费者权益的行为和国家机关及其工作人员在保护消费者权益工作中的违法失职、渎职行为，有权对保护消费者权益的工作提出批评和建议。作为交易中的弱势方和可能的受害者，消费者是法律保护对象，其诉求是实现自我保护的主要方式。

2）消费者作为利益主体，其行为能严重影响生产经营者的行为选择。消费者的行为对于生产经营者的行为具有明显的联动和指引作用，其可能的影响方式表现为：①假如消费者对质量安全水平认知水平较高，产品质量安全水平重视度较高，对产品品牌和产品认证非常看重，生产经营者就会采取各种措施积极生产和申报安全水产品，供应满足市场需求的认证产品；②假如消费者在对产品质量安全认知水平较低，以市场价格作为选择水产品的首要因素，生产经营者就会生产和供应劣质水产品，维持信息优势地位赚取超额利益，驱逐优质水产品；③当消费者遭遇问题水产品后有两种行为选择，选择一是投诉和诉讼；选择二是息事宁人，自认倒霉。但是两种选择的影响和作用大不相同，选择一可以提高不法生产经营者的法律风险和道德风险，减少其预期的额外效用；选择二会"放纵"生产经营者的机会主义行为，"激励"他们在低风险情况下谋求额外效用。

3）消费者诉求机制是政府监管、行业自律、生产经营者自控、社会监督等质量安全管理机制的必要补充，是完善质量安全管理机制的必要条件。消费者作为问题水产品的直接受害者，具有其他机制主体所不可比拟的直接利益相关性，存在对问题水产品生产经营者索求食用伤害责任和经济赔偿的强烈动力和主观意愿。因此，该机制的重要性也是其他机制所不能替代的，有其存在的必然性和重要性。

### 7.5.2 消费者诉求中存在的问题

（1）高度信息不对称

整个渔业行业，各环节之间总是存在信息不对称现象，只不过信息不对称的程度存在不同而已。相比较而言，鉴于渔业产品"经验品"和"信任品"特性，消费者先天性地处于信息劣势地位，而且生产经营者与消费者之间的信息不对称程度应该是最高的，因为消费者作为外行，往往对渔业行业缺乏了解，更缺乏专业知识。在高度信息不对称的情况下，消费者即使有心购买优质水产品，但在市场上众多渔业产品中挑选安全、卫生的水产品谈何容易。

（2）质量安全认知能力低下

渔业产品不同于其他食品，除 1988 年和 2006 年分别发生的食用毛蚶导致甲肝流行、管圆线虫感染之外，极少会发生因食用水产品导致人体高致病、高致死的食用安全事件，众多问题水产品的不良影响基本都是长期累积性，如药残超标、重金属超标等。消费者对于急性致死、致病的食品危害和威胁可能了解较多，但是却不太重视慢性、累积性的食品危害，缺少对渔业产品质量安全问题的了解。因为即使食用问题水产品而导致身体轻度不适，部分消费者也可能会怀疑其身体健康原因，而不一定会去怀疑食用水产品出现了质量安全问题。

（3）法律诉讼的高成本和高门槛

其主要表现在于：①由于中国实行"谁主张，谁举证"的诉讼机制，消费者若要针对渔业产品质量安全问题进行法律诉讼，必须寻找客观证

据。但是，由于法律诉讼一般是在已经出现食用安全事件和恢复健康之后，此时已经难以取证举证；②现有法律诉讼程序的周期较长，需要耗费大量的金钱、时间和精力；③消费者送样进行产品检测是个代价高昂的事情，所有质检机构的产品检测都是市场行为，按照市场价格进行收费，通常按照相关产品标准做一次全项产品检测往往需要支付数千元检测费。

（4）缺少对生产经营者的投诉途径

虽说现有法律法规明文规定消费者有权要求水产品生产经营者提供产品质量安全信息，也可以向生产经营者就产品质量安全问题进行批评、建议和投诉，但我国绝大部分水产品生产经营者规模小而分散，水产市场欠缺良好的诚信基础和可追溯机制，几乎无法向生产经营者进行批评和投诉，更难以索求责任赔偿，一方面消费者难以为零购水产品花极高成本去寻找生产供应者，另一方面很难令生产供应者承认其产品存在质量安全问题。

（5）对安全水产品的支付意愿较低

由于我国绝大多数消费者的收入水平仍然偏低，收入可支配能力有限，对作为"营养品"而非食物必需品的安全水产品支付意愿不高。市场价格仍是消费者采购水产品的首要考虑因素，因此也就难以建立优质优价的市场机制，容易致使劣质水产品驱逐优质水产品，无法对安全水产品的生产和供应起到激励作用。通常说来支付价格和诉求动机之间存在很大的正相关性，为安全水产品支付的价格越高，其诉求动机也就越高，但由于偏低的安全水产品支付意愿，消费者对渔业产品质量安全问题进行诉求的心理动机被弱化。

### 7.5.3 完善消费者对渔业产品质量安全的诉求机制

1）改革食品质量安全事件的法律诉讼机制，降低诉讼成本和门槛。针对食品安全事件的特殊性，改革现有的"谁主张，谁举证"的法律诉讼机制，缩短其诉讼周期，减少诉讼程序，降低消费者的诉讼成本，加快建立具有公益性质的食品质量安全事件调查取证机制的步伐，避免现有法律诉讼弊端成为影响消费者发挥诉求机制、维护合法权益的制约因素。

2）严格实施产品可追溯制度，降低信息不对称程度，多渠道提高消费者对质量安全认知能力。加快覆盖整个生产供应链各环节的可追溯系统建设，严格产品标签制度，降低生产经营者与消费者之间的信息不对称程度，通过产品检测信息发布、质量安全宣传等渠道提高消费者对渔业产品质量安全问题的认知能力。

3）建立消费者和生产经营者之间的投诉和反馈途径。规范渔业产品生产经营者的从业资质管理，加快水产品养殖、加工、经营的规模化、标准化、集约化进程，逐步建立和疏通生产经营者与消费者之间的对话和投诉渠道，让消费者可以向生产经营者就产品质量安全提出建议和批评，让生产经营者可以对消费者的投诉进行回馈和反应，逐步将消费者和生产经营者之间的利益对立关系改善为利益协同关系。

## 7.6 社会监督机制

渔业产品质量安全问题和不法生产经营行为的受害者肯定是包括守法生产经营者、消费者等在内的所有社会公众，因此，社会公众自然也理应是渔业产品质量安全管理的监督主体，为保护自我的食用安全和身体健康而主动、积极地行使社会监督的职责和功能。

### 7.6.1 社会监督机制的特点

与其他管理机制相比较，其特点体现在以下几个方面。

（1）运行主体的复杂性

对于其他管理机制来说，运行主体通常比较单一，例如政府监管机

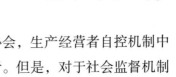

制中的政府部门，行业自律机制中的行业协会，生产经营者自控机制中的生产经营者，消费者诉求机制中的消费者。但是，对于社会监督机制来说，运行主体却非常复杂，既可以是生产者、经营者、消费者，还可以是普通百姓、水产市场、社会机构和媒体。在这方面上，社会监督机制具有其他机制不可比拟的优势。

（2）监督行为的多样性

监督机制的涉及面非常广阔，根据不同主体可以将监督行为主要分为下述几类：①生产经营者之间的相互监督；②经营者对生产者的监督；③水产市场对生产经营者的监督；④消费者对生产经营者和水产市场的监督；⑤普通百姓、社会机构和媒体对生产经营者和水产市场的监督。

（3）监督范围的全面性

在监督的范围上，不同的运行主体既可以选择监督覆盖包括育苗、养殖、捕捞、加工、运输、销售、投入品使用等在内的整个生产供应链，也可以选择分环节、分流程地实施有针对性的监督。而且，在监督范围的选择上，不同主体具有自由选择的权利，监督范围不受时间和地点的制约，也不存在管辖权限的问题。

（4）监督行为的自愿性

虽说法律法规赋予了社会公众对产品质量安全的监督、批评、投诉和诉讼权利，鼓励社会公众对产品的生产、销售和消费进行社会监督，但是，利益主体是否采取和实施监督行为是建立在自愿的基础之上，没有任何部门强制利益主体随时实施严格的社会监督。任何利益主体可以自愿选择是否进行监督活动和是否向有关部门进行举报与控诉。

（5）监督结果的非强制性

社会监督既不同于政府监管对有关问题具有行政管理手段和法律惩处办法，也不同于行业协会对会员的不法行为具有各种监管和处罚制度，法律法规没有赋予社会监督主体对有关问题实行处罚的权利，其只有批评、建议、举报、投诉和诉讼等非强制性权利。监督主体只有将监督结果向政府和行业进行举报，才可能由政府和行业进行按制度和程序对有关问题进行调查、核实、处罚。

### 7.6.2 社会监督机制的作用

（1）舆论导向作用

监督主体通过议论和评价现实社会中的渔业产品质量安全事件、质量安全控制问题和生产经营过程中的各种不法行为，对监督对象有着舆论引导作用，帮助监督对象发现问题、采取纠正措施、解决问题，进而将监督对象的行为引向满足和符合消费者实际需求的正确轨道上。当然，不是所有监督主体的舆论导向都是好的，也可能被某些错误的言论引向错误的行为，比如被同行从事机会主义行为的生产经营者引向从事不法行为谋取额外效用的道路。舆论导向结果的好与坏，主要取决于监督主体的目的和自身素质。

（2）公共震慑作用

社会监督主体虽然不同于政府和行业协会对不法利益主体具有强制性的制约措施和处罚手段，但是，社会监督也拥有着控诉，投诉，诉讼，通过电视、广播、报纸、网络等媒体进行曝光等非强制性手段，其影响力和震慑力也不容小觑。一旦社会公众聚焦于某项不法行为或某个不法主体，就会抽茧剥丝，曝光各种隐藏着的事实真相，消除其从事不法行为的空间。所以说，其巨大的社会效应和联动效应是其他机制所不具备的。

（3）间接查处作用

对于渔业产品质量安全不法行为，社会监督除了可以警示消费者抵制不法主体的产品之外，还可以通过政府和行业协会对不法主体采取法律、行政处罚、协会惩处等各种措施。即社会监督可以将其监督过程和结果，通过法律诉讼、行政举报、协会检举等形式转化为政府监管与行业自律的调查依据和处罚证据，起到间接查处质量安全不法行为的作用。

### 7.6.3　完善社会公众对渔业产品质量安全的监督机制

（1）调动广大公众参与社会监督的主动性和积极性

渔业产品质量安全与社会公众的食用安全和身体健康密切相关，对于这类公共性社会问题，应该动员包括渔业产品生产者、经营者和消费者在内的利益主体以及社会机构、媒体等在内的所有社会力量，调动广大公众参与渔业产品质量安全监督的主动性和积极性。一方面可以有助于在实施监督行为的过程中提高对质量安全问题的认知能力，弥补信息不对称的不利影响，减少被坑蒙拐骗的几率，维护自身的合法权益，保障食物消费安全；另一方面汇集群众监督力量，充分发挥社会监督的功能和作用，既对生产经营者施以舆论导向功能，又可以对不法行为起到警示作用。

政府部门和行业协会，应向社会各界人员加强有关渔业产品质量安全法律法规、质量安全识别、问题水产品危害、安全水产品认证等的宣传教育，加快建立信息平台，发布和公开渔业产品质量安全有关的信息，曝光生产经营者的不法行为，让社会公众对于渔业产品质量安全问题有着与个人切身利益相关的感受，使之有实施监督行为的主动性和积极性，并不断提高其进行监督的个人能力和综合素质。同时，还得为社会公众实施监督行为提供便捷渠道，例如建立基于产品标签之上的电子化全程可追溯系统；公开渔业产品质量安全问题的投诉、举报电话；定期、不定期地向社会各界征询渔业行业不法行为线索；对监督举报结果尽快合法合理地处理，建立处理结果回馈通报机制，强化监督主体的监督信心。

（2）加快社会监督机制立法，加强政府对监督的正确引导

目前，中国社会对于食品安全问题仍然缺乏一个行之有效的监督机制，其最主要原因在于社会监督缺乏有效的法律基础。完善的监督机制法律基础，应该能为监督主体提供法律依据、监督行为步骤、举报和投诉途径、结果处理回馈等各种支持和指导。社会公众只有在法律保障和支持之下，才能名正言顺地实施监督行为并向生产经营者合法地进行交

涉、批评和建议。

能否正确实施监督行为，妥善处理监督结果，完全有赖于监督主体的自身素质和社会道德伦理观念。在监督机制法律基础薄弱情况下，某些素质较低、喜欢钻营的利益主体就会利用社会监督的功能从事错误的舆论引导，或者利用监督结果向生产经营者进行经济讹诈。在完善社会监督机制的过程中，有关部门应该加强引导，既要提高社会公众维护自身权益的意识和能力，又要不断加强素质建设，提高自身综合素质和社会公德心。

（3）充分利用信息优势，鼓励行业内部举报行为

一般说来，消费者、社会机构、媒体由于专业知识或者信息不对称的原因，难以真正了解和发现渔业产品质量安全问题，也就难以有效地对此实施有效的社会监督功能。可对于行业内部的人员来说，既具有专业知识和技能，又了解同行的各种生产经营行为，而且，守法、诚信的生产经营者还往往是不完全市场"逆向选择"和不法生产经营行为的直接受害者。因此，基于各种原因，行业内部的举报将是最有效、最直接的社会监督行为。

有关部门应该鼓励和倡导行业内部守法守信的生产经营者积极举报行业内部的不法行为，以匿名举报、保护举报人隐私等措施解决行业内部监督主体的后顾之忧（如防止打击报复等恶劣行径），通过采取一系列优惠政策营造行业内部生产经营者互相监督、互相提高的良好氛围，加大对不法生产经营者的处罚力度，保护守法守信生产经营者的正当权益。

（4）大力发挥媒体的监督作用

俗话说，媒体是"无冕之王"。可见，其虽不具备有行政、司法、协会等部门和机构具有强制力的权力，却具有强大的媒体曝光、舆论导向和公共警示等非强制性效力，具有覆盖广、影响大、透明度高、导向性强等特殊优势和监督效用。近年来，媒体在渔业产品质量安全监督方面发挥了很大作用，例如2006年年底的福寿螺事件和多宝鱼事件，在媒体的曝光和监督之下，既避免了更多消费者遭受"毒鱼"的人身伤害，又

引起政府、生产经营者和消费者的全社会关注。

　　媒体监督具有其他监督形式不具备的特点，即其公开性、及时性、持久性，不但可以辅助政府部门、行业协会实施有效监督，又可以事先通过警示和引导作用督促生产经营者严格采取自控行为。通过媒体曝光不法行为后产生的效果远不是其他监督方式所能比较的，其监督行为和监督结果可以向全社会进行公开，可以及时、不断跟进地督促有关部门进行核实、查处，督促不法生产经营者采取纠正措施解决质量安全问题。另外，只有媒体才可以通过曝光、跟踪报道等方式克服和规避地方保护主义与政府不作为行为，监督有关部门更好地行使质量安全监管职能，防止"官商勾结"、"政府寻租"、"官员寻租"、"行政不作为"等违法和错误行为。

## 7.7　本章小结

　　1）信息不对称现象在无外界干预的情况下必然客观存在，从而出现"市场失灵"现象，仅仅依靠市场机制无法提高渔业产品生产经营者的质量安全意识。政府部门和官员都会出现"寻租"行为和"政府失灵"现象，仅依靠政府监管也无法有效地提高渔业产品质量安全状况。

　　2）政府是渔业产品质量安全管理的核心"主体"；渔业行业协会不但是政府监管的大"客体"，同时还是进行行业内部监督的"主体"；生产经营者是政府监管的主要"客体"；消费者是渔业产品质量安全的"受体"。

　　3）完善的渔业产品质量安全管理机制应该包括政府监管机制、行业自律机制、生产经营者自控机制、消费者诉求机制和社会监督机制，其组成应该是个联动的完整体系，就像机器的组成部件，缺一不可。

　　4）作为渔业产品质量安全管理的核心主体，政府监管具有不可替代的优势和必然性，其主要原因在于：政府的"天然"职责；垄断性的宏观调控力；组织优势，信息优势；具备各种强制性和间接性的监管手段。

5）政府监管内容应该是市场机制无法自我调节或者仅仅依靠市场机制难以有效解决市场缺陷的水产品生产经营活动，这些活动也必然紧紧围绕着水产养殖、渔业捕捞、水产品加工、水产品经营等水产品生产经营行为。

6）渔业行业协会存在的问题主要表现为：受重视程度不够，地位不高，对其重要性认识不足；协会体制存在先天缺陷；功能不完善，经费短缺；行业自律机制缺失；缺乏高素质、创新性人才。

7）根据逆向选择、道德风险、声誉机制和法律风险等理论，在政府调控、法律规制或行业自律等外力作用下，再加上生产经营者质量安全意识、自我约束力和社会公德心的不断提高，才能促使生产经营者发挥真正的自控作用。

8）消费者诉求中存在的问题主要体现在：高度信息不对称；对质量安全认知能力低下；法律诉讼的高成本和高门槛；缺少对生产经营者的投诉途径；对安全水产品的支付意愿较低。

9）社会监督机制的特点主要包括：运行主体的复杂性；监督形式的多样性；监督范围的全面性；监督行为的自愿性；监督结果的非强制性。社会监督机制的作用主要表现在：舆论导向作用；公共震慑作用；间接查处作用。

# 第8章 研究结论与对策建议

本书的研究目的在于，通过对渔业产品质量安全利益主体行为和管理机制进行深入的分析和研究，探讨中国渔业产品质量安全的发展现状、问题及其影响，揭示渔业产品质量安全利益主体各种行为决策及其影响因素，完善具有中国特色的渔业产品质量安全管理机制，提出有效、易操作的建议和对策解决渔业产品质量安全问题。因此，在前面各章节的分析和研究基础上，本章对研究结论做一概括，并提出相应的对策建议。

## 8.1 研究结论

本书以现有的经济学和管理学理论为基础，对我国现有的渔业产品质量安全问题进行深入细致的分析，通过问卷调查、理论分析、案例分析、计量模型分析等方法研究渔业产品质量安全存在的问题、管理体系相关利益主体的行为选择、中国特色渔业产品质量安全管理机制，主要得出以下几个方面的研究结论。

1）水产交易市场上买卖双方的信息不对称造成了买方的逆向选择行为，逆向选择进而导致水产品质量不断下降，这是导致水产品质量不断下降的根本原因。由于渔业产品质量安全具有"经验品"和"信任品"的特征，决定了生产供应链后环节主体很难从前环节获取足够的质量安全相关信息。渔业产品"柠檬市场"的形成，主要是由于优质水产品无法将质量安全信号顺利、可信地传递给消费者。在信息不对称和"柠檬市场"的条件下，个人机会主义行为倾向更加容易发生。如果对渔业产品质量安全认知不充分，应对不及时，易使渔业产品质量安全各相关行为主体也会陷入博弈论中的"囚徒困境"。

2）质量经济学揭示了一个规律：成本投入—质量提高—成本降低—收益增加。对于生产经营者来说，成本考虑的主要目标就是在特定质量水平的基础上，选择最低的成本支出，从而获得最佳的"质量价值"选择。目前对于渔业产品经营者来说，法律风险相对其他产业要低。而在低法律风险情况下，低质量是个收益高、稳定的选择。同时，在不完全竞争、信息严重不对称、不确定因素繁多的市场条件下，生产经营者无法按照均衡市场行为决策进行生产安排，市场上充斥着各种机会主义行为，每个主体都有可能因自身行为给产品质量安全产生一定影响。

3）渔业产品产业供应链的每个环节都至少有两个以上的政府部门进行管理，最多的环节甚至涉及8个政府部门的管理，很多环节存在严重的多头管理问题。目前中国渔业产品质量安全管理的七大体系发展参差不齐，有些体系如认证体系、推广体系发展得相对较快，但某些体系如渔业执法体系、市场信息体系的发展裹足不前，未能发挥应有的作用。

4）水产企业对产品质量安全的认知水平总体不高，多数企业不了解安全水产品分类，不清楚水产品认证的作用或对认证作用缺乏信心，也缺乏生态环境保护的概念。由于成本投入过高且对回收成本的期望不高，大部分企业不愿采用安全水产品生产技术，也缺乏申请认证的主动性和积极性，而且其行为选择容易受到同类企业行为的影响。目前仅有少数企业申请和通过了渔业产品质量安全认证，多数企业遵纪守法的主动性普遍不高，在品牌建设方面几乎仍为空白，缺少质量安全信息获取途径，在产品出厂检验环节存在较大的质量安全漏洞。

5）渔民与水产企业的合作关联度极低，基本没有加入行业协会或合作社，绝大多数渔民均未曾在水产市场上遭遇产品质量安全检测。多数渔民均认为养殖环节影响产品质量安全水平的最主要因素在于"安全成本过高"和"市场要求多变"，仅约有 1/3 的渔民了解渔药效果，只有 1/4 的渔民了解滥用渔药的不良影响，价格是影响渔民选购和使用无公害渔药和饲料的决定性因素。利用计量模型研究渔民对安全养殖行为的投入意愿发现：渔民家庭收入情况和是否了解安全养殖操作相关知识对其投入意愿的影响最大。

6）根据针对企业品牌建设和水产企业诚信倡议的案例分析发现：品牌建设是提高渔业产品质量安全水平的关键；全程质量安全管理是提高渔业产品质量安全水平的保障；声誉机制是提升企业产品质量安全知名度的重要途径；质量安全可追溯系统是消费者放心采购和食用的信用保证以及渔业产品质量安全事件应急管理的充分条件；守法经营、诚信为本和行业自律是企业生存之根本。

7）渔业产品质量安全消费者行为的影响因素，主要包括：消费者个体特征、消费者评价、经济因素、社会文化特征和其他。消费者对渔业产品质量安全的关注度较高，但认知水平总体不高。在不考虑价格因素下，多数消费者倾向于选购绿色水产品，消费者对高价购买安全水产品的意愿并不坚决。

8）政府是渔业产品质量安全管理的核心"主体"；渔业行业协会不但是政府监管的大"客体"，同时还是进行行业内部监督的"主体"；生产经营者是政府监管的主要"客体"；消费者是渔业产品质量安全的"受体"；社会是渔业产品质量安全管理的"环境"。完善的、具有中国特色的渔业产品质量安全管理机制应该包括政府监管机制、行业自律机制、生产经营者自控机制、消费者诉求机制和社会监督机制，其组成应该是个联动的完整体系。

## 8.2 对策建议

### 8.2.1 清晰部门职责，提高监管效率，完善管理体系

由于渔业产品质量安全涉及环节太多，假如太过于注重分环节管理，很难协调环节与环节之间的监管衔接，对于职能交叉的环节尤其容易出现管理缺位或者管理混乱的局面。假如太过于集权专门成立一个渔业产品质量安全行政管理机构的话，也容易出现因职能太集中陷入漏管、专业不全面、管理腐败、难以与其他行政机构进行协调或协同管理等困境。因此，分环节多部门管理和集权化管理之间应该需要有个良好的平衡点，具体如何平衡需要根据我国的具体国情以及渔业发展特点。只有明晰部门职责，理顺管理体制，方可使得渔业产品质量安全管理更加高效、及时、富有针对性。

水产市场是个典型的不完全市场，信息高度不对称，所以渔业行业的发展离不开行政主管部门的宏观调控和监管。但到目前为止，我国渔业行政主管部门对此缺乏深刻认识，也没有有效的调控和监管手段。作为渔业产品质量安全管理的主体，行政主管部门必须协调部门之间关系，明确划分各环节、各岗位的职能，减少扯皮和纠纷，不断加强渔业产品质量安全的宏观监管。

虽说渔业产品质量安全管理七大体系（法律法规体系、标准体系、检验检测体系、认证体系、技术推广体系、执法体系、市场信息体系）建设已具雏形，但是距离体系完善、充分发挥体系作用还有一定距离。只有解决各体系中存在的问题，才能真正意义上完善管理体系，发挥管理体系的最大作用。

### 8.2.2 消除"政府失灵"和"市场失灵"现象，充分发挥中国特色渔业产品质量安全管理机制的作用

中国特色渔业产品质量安全管理机制包括：政府监管机制、行业自

律机制、生产经营者自控机制、消费者诉求机制和社会监督机制。它们的组成应该是个联动的完整体系，就像机器的组成部件，缺一不可。目前，我国虽然已经开始重视渔业产品质量安全管理机制的建设，但是发展步伐缓慢，"政府失灵"现象依旧不断出现、行业协会分布不平衡、行业协会对成员的吸引力和控制力不强、生产经营者"守法经营、诚信经营"的自觉性不高、消费者缺乏高效廉价的诉求途径、社会力量缺乏监督食品质量安全的积极性和主动性等问题依旧制约着质量安全管理机制的完善。

整个社会的资源分配要实现帕累托效率，仅靠市场机制远不能实现帕累托效率，必须借助政府行政监管和宏观调控才能实现社会资源分配和使用的公平、公正、效率。在宣传渔业信息、提高生产经营者质量安全意识、介绍新技术、推行质量安全管理措施等方面，行业协会则具有不可替代的作用。只有通过生产经营者的自控行为，才能规避生产经营者的机会主义行为，守法守信地从事生产经营活动，自觉向市场和消费者提供优质、安全的水产品。只有政府部门加强市场监管力度，消费者具有以廉价、高效的诉求渠道，才能从根本上提高水产品生产经营者的法律风险。另外，只有存在全社会全方位的监督，渔业产品生产经营者采取机会主义行为才会更有忌惮，才会注意提高产品质量，诚信经营、守法经营。

### 8.2.3　减少信息不对称，防止逆向选择，实施从"水域到餐桌"的产业链全过程质量安全管理

当前的水产市场是一个典型的不完全竞争、信息严重不对称的市场。因此，为了减少交易成本，提高资源配置的合理性和有效性，防止出现逆向选择现象，减小机会主义行为的空间，产业链各环节的利益主体应该积极采取有效措施，减少信息不对称现象。为此，我国应积极学习、消化和吸收渔业强国的先进管理机制和管理经验，结合中国具体的渔业

国情，逐步建立完善的"全过程管理，分段负责，环环相扣"管理模式。质量安全牵涉环节众多，只要有其中的一个环节出现问题，有可能牵连到后面所有环节，并最终致使终产品安全卫生指标不达标，产品质量安全不符合食用要求或者出口检验检疫标准。再者，不同环节之间存在很大的差异，各环节的管理均有着不同的特点和专业性需求，所以现实情况就要求针对渔业产品生产供应链进行分段负责。

目前，产业链中的质量安全控制已经从过去集中于加工环节，扩展到了育苗、养殖、加工、运输、销售等生产供应链所有环节，甚至在一定程度上已扩展到相关产业，如水产饲料的生产控制和产品质量，渔药的生产和产品质量等。全过程管理，不但需要加强育苗场、养殖场、加工厂的质量安全管理，而且还要求对饲料及饲料添加剂、渔药及生物制剂、食品添加剂等投入品的采购、贮存和使用进行有效控制。在可能的情况下，甚至还应该把水产饲料生产企业、渔药生产企业、运输车辆、水产市场的质量安全控制纳入渔业产品质量安全管理对象之中。

### 8.2.4 推行严格的渔业从业资格申请、注册、登记和审批制度

从管理学的角度，提高管理成效的关键在于"管人"，因此，我国渔业行政主管部门应当针对水产品育苗、养殖、捕捞、加工、销售等环节实行严格的从业资格申请、注册、登记和审批制度。严格的从业资格管理制度对于渔业产品质量安全管理有着众多益处，主要有：①信息来源。通过从业执照的申请和审批，根据申报材料，政府部门可以了解和掌握各地的渔业发展实际情况；②政策依据。从业执照申报材料的信息是政府部门对渔业进行宏观调控、制定发展规划、出台行政规定的重要参考依据；③便于行政监管。通过从业执照，政府部门可以对各环节生产经营者实行点对点的政府监管，令监管目标群体更加明确，监管措施更加有的放矢；④通过吊销、撤销从业执照等处罚手段，对渔业产品生产经营者施加从业压力，增加生产经营者的法律风险和违法成本；⑤为

实施渔业数字化管理和质量安全可追溯制度创造基础条件。目前，我国早已实施养殖证、捕捞证等从业执照申请、注册制度，但是在实际应用过程中存在不少问题，致使从业执照管理制度的作用未能得到有效发挥。

### 8.2.5　加快我国渔业产品质量安全管理机制与国际接轨的步伐

提高渔业产品质量安全水平，一方面是为了满足国内消费者的食用安全需求，另一方面是为了应对出口技术性贸易壁垒。因此，除了保障国内消费者食用安全之外，规避贸易壁垒，提升渔业产品出口竞争力，促进渔业产品出口贸易，应该也是渔业产品质量安全管理的主要任务之一。为此，我国的渔业产品质量安全管理措施必须要与国际通行的原则和方法接轨，将我国的渔业产品质量安全管理法律法规和标准规范建于国际通行和认可的法律法规、标准规范以及原则之上，满足水产品进口国尤其是发达国家的产品质量安全要求。

我国的渔业行政主管部门应该解放思想，以积极、主动、开放的思维尽快促进我国渔业产品质量安全管理机制与国际接轨。在完善我国渔业产品质量安全管理机制时，不应拘泥于国外的固有模式和体制，而应具有一定超前性和创新性地发展符合我国渔业国情的渔业产品质量安全管理机制，从而整体提高行业从业人员的质量安全意识和行业的质量安全水平。

### 8.2.6　建立渔业产品质量安全信息发布机制，推动质量安全可追溯系统建设

我国渔业行政主管部门应当积极准备，适时建立和实施渔业产品质量安全信息发布机制，建设渔业产品质量安全的官方网站和监控数据库，主动通过该官方监控数据发布渔业产品质量安全检测信息，向水产品消费者和水产品进口国宣示我国渔业产品的质量安全水平，获取国内消费

者和国外进口商的信任，提升水产品的市场竞争力和质量安全美誉度。建议有关行政主管部门应当尽快建设官方的渔业产品质量安全信息平台，先期选择一些不太敏感的品种，及时向国内外社会各界发布监控信息，以"开诚布公"的心态博取国内外水产品消费者和水产品买家对我国渔业产品质量安全的信任，再逐步推广到其他水产品品种。

另外，我国渔业主管部门还应当推动渔业产品质量安全可追溯系统建设，确保从"水域到餐桌"整个生产供应链所有环节的质量安全信息可追溯性。不管是育苗、养殖、捕捞、加工等环节，还是冷冻、运输、销售等环节，每个环节以及不同环节交接的所有信息必须纳入到可追溯体系之中。对于条件好、技术成熟、易实现的企业和产品，应当尽量采用电子信息化可追溯系统，在各个环节建设电子信息管理系统并实现各环节之间的信息传输、衔接。对于条件不太成熟的企业和产品，甚至可以采取纸质的形式进行渔业产品生产供应链信息累积，每经过一个环节就多累积一个环节的纸质信息，到最后环节的追溯文件就会包括整个产业链的所有纸质化可追溯信息。不管是电子化还是纸质文件，只要能实现溯源目的就是一个成功的可追溯系统。

# 参考文献

奥利弗 . E. 威廉姆森 . 2002. 资本主义经济制度 . 北京：商务印书馆 .

陈洪大 . 2007. 挪威渔业产品质量安全监管体系的调研报告 . 现代渔业信息，22（11）：15—17.

陈劲松 . 2003. 国外农产品质量安全体系概况 // "食品安全：消费者行为、国际贸易及其规制" 国际研讨会论文集，中国杭州，341—349.

陈君石 . 2002. 国外食品安全状况对我国的启示 . 中国卫生法制，10.

崔慧宵 . 2005. 农产品质量安全问题及其法律保障研究 . 中国农业大学硕士论文 .

丁晓明 . 2000. 挪威水产养殖管理体制及经验 . 中国渔业经济研究，4：38—39.

董洪岩 . 2002. 中国农产品质量安全管理体系 . 农产食品安全研讨会领导讲话 .

杜忠臣，龙藏瑞，张建波 . 2003. 对做好渔业产品质量安全及渔业疫病监管工作的探讨 . 中国水产，5：72—73.

樊宝洪 . 2004. 关于当前渔业产品质量安全管理工作的几点思考 . 中国渔业经济，6：38—39.

范小建 . 2003. 中国农产品质量安全的总体状况 . 农业质量标准，（1）：4—6.

范毅，薛兴利 . 2004. 试论信息不对称条件下我国农产品的质量控制 . 农业质量标准，（1）：26—28.

龚益鸣 . 1999. 质量管理学 . 上海：复旦大学出版社 .

贺义雄 . 2007. 发展我国渔业行业协会的对策措施 . 海洋信息，（4）：21—23.

侯振建，梁凤玲 . 2007. 农产品与食品安全 . 农产品加工·学刊，（1）：78—79.

黄家庆.2003.我国渔业产品质量安全管理的现状、问题和对策.中国水产,（4）：69—71.

黄家庆.2003.我国渔业产品质量安全管理对策.科学养鱼,（1）：35—36.

黄蕾,罗明.2007.特色农产品经营中的声誉机制研究.农村经济,（9）：25—29.

贾敬敦,陈春明.2003.中国食品安全态势分析.北京：中国科学技术出版社.

江希流,华小梅,朱益玲.2004.我国水产品的生产状况、质量和安全问题及其控制对策.农村生态环境,2004,20（2）：77—80.

金发忠.2004.关于我国农产品检测体系的建设与发展.农业经济问题,（1）：51—54.

琚兆成,陈圣安.2003.我国农产品国际贸易磨擦中的"绿色壁垒"与食品安全.//"食品安全：消费者行为、国际贸易及其规制"国际研讨会论文集,中国杭州,457-464.

李功奎,应瑞瑶.2004."柠檬市场"与制度安排——一个关于农产品质量安全保障的分析框架.农业技术经济,（3）：15—20.

李生.2003.国外农产品质量安全管理制度概况.世界农业,（6）：32—34.

李绪兴,宋怿.2004.水产品质量控制技术.现代渔业信息,19（3）：3—7.

李颖洁.2002.加强渔业产品质量安全管理提高水产品国际竞争力的研究,对外经济贸易大学硕士论文.

李泽瑶.2003.水产品安全质量控制与检验检疫手册.北京：企业管理出版社.

梁秋燕.2003.绿色壁垒对我国农产品贸易的影响及对策.生产力研究,2.

林洪,王维芬,李德昆,等.2002.水产品安全性现状与质量管理.//第四届全国海珍品养殖研讨会论文集,94—103.

刘富荣.2003.渔业产品质量安全管理对策的探讨.渔业致富指南,17：12—13.

刘志扬.2004.美国农产品质量安全的几个保证对策.农业质量标准,（6）：39—41.

龙华.2005.论渔业安全与对策.水利渔业,25（4）：1—4.

吕宏.2001.发达国家在农产品贸易中的技术壁垒,农业经济问题,8.

罗斌.2004.关于我国农产品认证的概述.农业质量标准,（3）：29—31.

骆浩文，卢和源，郑业鲁，等．2004.农业标准化与农产品质量安全体系建设探讨．
广东农业科学，5：1—4.

农业部．关于进一步加强农产品质量安全管理工作的意见．农业部（农市发〔2004〕
15号）．

农业部．渔业产品质量安全推进计划（2003—2007年）．2003年4月．

农业部渔业局，全国水产标准化技术委员会，中国水产科学研究院．2006.韩国
渔业产品质量安全法律法规．

农业部渔业局译．2003.挪威水产品质量法规．

潘春玲．2004.中国畜产品质量安全问题研究．沈阳农业大学博士论文．

钱峰燕．2005.茶叶质量安全管理问题研究——以浙江为例的理论与实证分析，浙
江大学博士论文．

钱永忠，王敏等．2004.试论我国农产品质量安全水平提高的制约因素及对策．农
业质量标准，（2）：38—41.

钱永忠．2003.国外农产品质量安全管理体系现状．农业质量标准，（1）：42—46.

山东省海洋与渔业交流考察团．2002.挪威和冰岛海洋与渔业的考察报告．中国渔
业经济，（3）：46—47.

宋文丽．2006.我国渔业行业协会的现状与发展研究．中国渔业经济，（2）：20—
22.

宋怿．2003.关于我国渔业产品质量安全管理体系建设的探讨．中国渔业经济，5：
37—39.

宋余风，杨宝圣，施凌．2005.渔业产品质量安全管理的现状及措施．中国水产，3：
24—25.

孙琛．2000.中国水产品市场分析．中国农业大学博士论文．

孙琛．2005.加入WTO对我国水产品国际贸易的影响及后过渡期的相应对策．农
业经济问题，（9）：54—57.

孙法军．2004.政府在农产品质量安全管理中的职能定位研究．中国农业大学硕士
论文．

孙建富，鹿丽．2007.中国水产品消费市场影响因素分析．大连海事大学学报：社

会科学版，6（6）：98—100.

王可山 .2006. 中国畜产食品质量安全的市场主体与监管机制研究 . 中国农业大学
博士论文 .

王淼，刘勤 .2007. 从交易费用理论看我国渔业行业协会建设 . 中国渔业经济，2：
3—5

王欣超 .2006. 国内外食用农产品质量安全体系比较研究与实例分析 . 中国农业大
学硕士论文 .

王艳花，霍学喜 .2003. 关于我国农产品质量安全问题的思考 . 农村经济，10：8—
9

王艳霞 .2004. 农产品质量信息不对称及解决思路 . 东北大学学报（社会科学版），
6（6）：414—416.

王玉堂 .2002. 从国外禁运看我国的水产品质量管理 . 中国渔业经济，3：32.

徐君 .2003. 加强渔业标准化建设提高渔业产品质量安全水平 . 农业质量标准，2：
12—13.

于桂兰，胡毅志，胡国媛等 .2007.2006 年广州市市售水产品及水发水产品甲醛
含量调查 . 预防医学情报杂志，23（6）：757—758.

俞高妹，陈蓝荪 .2003. 渔业产品质量安全问题及对策探讨 . 内陆水产，7：37—
38.

曾庆祝，刘志娟 .2005. 应用 HACCP 体系控制养殖水产品的安全危害 . 水产科学，
24（4）：44—46.

张合成 .2002. 采取有效措施提高渔业产品质量安全 . 中国渔业经济，5：4—6.

张吉国 .2004. 农产品质量管理与农业标准化 . 山东农业大学博士论文 .

张丽玲，乐兆标 .2003. 保障渔业产品质量安全的思路与建议 . 中国渔业经济，（2）：
24—25.

张玉香 .2004. 适应农村市场化需要，尽快健全农产品质量安全、市场和信息体系 .
中国农村经济，（4）：47—51.

张云华，孔祥智 .2004. 安全食品供给的契约分析 . 农业经济问题，（8）：25—28.

赵法箴，李健、刘世禄 .2002. 水产健康养殖与食品安全发展战略研究 // 第四届

全国海珍品养殖研讨会论文集 .

赵苹, 卢和源 .2004. 农业标准化和农产品质量安全实施模式探讨 . 农业质量标准,（4）：16—17.

郑风田, 赵阳 .2003. 我国农产品质量安全问题与对策 . 中国软科学, 2：16—20.

中国海关 .2007. 前三季度水产品市场形势 . 农产品市场周刊,（34）：44—45.

周爱军 .2006. 我国水产品贸易状况分析 . 中国食物与营养, 6：32—34.

周德庆, 李晓川, 王联珠 .2002. 我国渔业产品质量安全与管理 . // 第四届全国海珍品养殖研讨会论文集, 116—127.

周洁红, 钱峰燕 .2004. 食品安全管理问题研究与进展 . 农业经济问题,（4）：26—29.

Akerlof G A.1970. The Market for Lemons: Quality, Uncertainty and the Market Mechanism. Quarterly Journal of Economics, (84): 488—500.

Antle J M. 1995. Choice and Efficiency in Food Safety Policy. Washington, D C: The AEI Press.

Aurora Zugarramurdi, Maria A Parin, Hector M Lupin.1995. Economic Engineering applied to the fishery industry. Food and Agriculture Organization of the United Naitons, Rome.

Bryan F L.1988. Risks associated with vehicles of foodborne pathogens and toxins. Journal of Food Protect, 51(6): 498—508.

Buzby J C, Skees J R, Ready R C.1995. Contingent valuation in food policy analysis: a case study of pesticide reside risk reduction. Journal of Agricultural and Applied Economics, (27): 613—625.

Byrne D. EFSA: excellence, integrity and openness. Speech by the European Commissioner for Health and Consumer Protection to the Management Board of the European Food Safety Authority, 18 September 2002, Brussels [www.efsa.eu.int]

Caswell J A, Padberg D I.1992. Toward a more comprehensive theory of food labels. American Journal of Agricultural Economics, (74): 460—468.

Costa-Pierce B A. 2002. The "blue revolution" –aquaculture must go green. World

Aquaculture, 33(4): 4—5.

Crosby P B. 1980. Quality is free. Mentor Book, USA, 270.

Edwards P. 2002. Rural aquaculture: aquaculture for poverty alleviation and food security. Aquaculture Asia, VII(2): 53—56.

Eom Y S.1994. Pesticide residue risk and food safety valuation: a random utility approach. American Journal of Agircultural Economics, (76): 760—771.

FAO. 1995. Code of Conduct for Responsible Fisheries. Rome, Italy.

FAO. 1997. Aquaculture development, FAO Technical Guidelines for Responsible Fisheries No. 5. Rome, Italy

FAO. 2005. The state of world fisheries and aquaculture 2005. Rome, Italy.

Flick G J.2001. USFDA begins development of food safety regulations for aquaculture food fish. Global Aquaculture Advocate, 4(6): 81—83.

Fox J A, Shogren J F, Hayes D J, et al.1995. Experimental Auctions to Measure Willingness to Pay for Food Safety. Food Safety and Nutrition, Westview Press. Boulder.

Huss H H, Ababouch L, Gram L. 2004. Assessment and management of seafood safety and quality. FAO. Rome.

Jan M S, Fu T T, Liao D S.2008. Willingness to pay for HACCP on seafood in Taiwan. Aquaculture Economics & Management, (10): 33—46.

John Spriggs, Grant Isaas. 2001. Food safety and international competition. CABI Publishing.

Kent G. Aquaculture and food security. Proceedings of the PACON Conference on Sustainable Aquaculture 95, 11–14 June 1995, Honolulu, Hawaii, USA. Pacific Congress on Marine Science and Technology, Hawaii, USA, 226—232

Laurian J Unnevehr. 2002. Food safety and fresh food product exports from LDCs. Agricultural economics, (23): 231—240.

Lin C T, Milton J W. 1995. Contingent valuation of health risk reducations for shellfish products.//Caswell J A. Valuing Food Safety and Nutrition, Westview Press, Boulder, CO.

Luning P A, Marcelis W J, Jongen W M F.2002. Food quality management, a techno-managerial approach. Wageningen Pers, The Netherlands.

Mossel D A.1982. Microbiology of Foods. University of Utrecht, Faculty of Vet. Med., The Netherlands.

Nelson P.1970. Information and consumer behavior. Journal of Political Economy, (78): 311—329.

Shin S Y, Klebenstein, J Hayes, D J. 1992. et al. Consumer willingness to pay for safer food products. Journal of food safety, (13): 51—59.

Von Witzke H, Hanf C H.1992. BST and international agricultural trade and policy. Bovine somatotropin and Emerging Issues: An Assessment Boulder, Co: Westview Press.

# 附录一

# "水产企业安全生产行为"调查问卷 *

|   |   |
|---|---|
| 编号 |   |

## 一、企业基本情况

1. 贵企业现有养殖面积为_____。

2. 水产品的销售对象主要为（可多选）：

□本市（县）　　□省内其他地区　　□外省其他地区　　□出□

3. 水产品的主要销售方式：

□零售　　□批发　　□定向合作　　□其他_____

4. 贵企业的经营性质：

□集体企业　　□私营企业　　□股份合作制企业

□公司制企业　　□其他_____

5. 贵企业目前共有员工_____人，其中技术人员_____人；管理层人员_____人；养殖人员____人。

6. 人员学历构成情况：

---

\* 本调查问卷内容基于课题研究需要设计而成，部分问题未在本书研究中使用。

|  | 小学（人） | 初中（人） | 高中或中专（人） | 大专（人） | 本科及以上（人） |
|---|---|---|---|---|---|
| 管理人员 |  |  |  |  |  |
| 技术人员 |  |  |  |  |  |
| 养殖人员 |  |  |  |  |  |

7. 贵企业的生产方式是（可多选）：

□自己养殖　　□向养殖农户定点或合同收购　　□收购捕捞产品

□其他_____

### 二、企业生产经营中质量安全控制意向调查

1. 目前市场上对水产品的分级基本分为：普通水产品、无公害水产品、绿色水产品和有机水产品，其中无公害水产品、绿色水产品和有机水产品统称为"安全水产品"。贵企业了解这种水产品分类吗？

□了解　　□不太了解　　□不了解　　□不知道

2. 如果了解安全水产品，您们认为不安全水产品最可能产生哪方面的不良影响（可多选）？

□生态环境　　□消费者健康　　□企业声誉　　□产品品牌

□其他_____

3. 科学证明滥用渔药是导致水产品中农药残留超标的重要原因，请问您是否了解滥用渔药的不良影响？

□了解　　□不了解

4. 从水产品养殖到销售，您们认为哪个环节最易使渔业产品质量安全受到影响（可多选）。

□养殖　　□运输的卫生条件　　□包装材料　　□贮藏环境

□其他_____

5. 贵企业产品通过了哪种认证（可多选）：

□无公害农产品　　　□有机食品　　　□绿色食品　　　□其他_____

6. 贵企业打算发展无公害水产品、有机水产品或绿色水产品等安全水产品吗？

□打算　　　□不打算　　　□还未考虑

7. 无公害农产品、绿色食品、有机食品等认证对贵企业保证产品质量有帮助吗？

□帮助很大　　　□有所帮助　　　□无帮助

□无帮助还增加了负担　　　□不知道

8. 如果安全水产品的市场前景不确定（比如消费者的实际购买能力不足、认知度不高等），贵企业是否还会选择高投入和/或少产量的安全水产品生产技术？

□选择　　　□不选择

9. 如果能切实解决安全水产品的生产成本问题，是否会选择安全水产品生产技术？

□选择　　　□不选择

10. 在没有通过相关认证的水产品包装上加贴认证标志，是否担心被政府查处而致使公司信誉受到损害进而影响企业未来发展？

□担心　　　□不担心

11. 贵企业生产的水产品有品牌（商标）吗？

□有，_____　　　□没有

12. 假定贵企业在社会上具有一定的知名度，产品品牌也已深入消费者，如果因生产不安全产品被查处，是否担心企业品牌受损？

□担心　　　□不担心

13. 如果贵企业已在水产品养殖中采用安全技术，但在销售过程中遇到了假冒的不安全产品，首先想到的是通过哪种手段来解决问题？

□政府　　　□法律　　　□媒体　　　□自己　　　□其他_____

14. 您们希望政府在推动安全水产品生产中做些什么（可多选）？

□完善法规　　　□加大补贴　　　□加强渔药监管

□加强渔业执法　　　□推动市场准入　　　□其他_____

### 三、企业生产经营中质量安全控制行为调查

1. 贵企业是否通过了某种质量管理体系认证或者产品认证？

□是　　　□否

如果是，那么：

①贵企业通过的认证为（可多选）：

□ISO 系列认证　　　□HACCP 认证　　　□无公害

□绿色　　　□有机　　　□其他_____

②通过认证的时间（有多项认证的选择最早的时间并注明认证名称）？

□0—12 个月　　　□12 个月至 3 年　　　□3 年以上

最早的质量管理体系认证或产品认证是_____。

③贵企业的质量管理措施是在什么情况下制定的（可多选）？

□政策法规的规定　　　□市场需求变化　　　□主要客户的要求

□作为营销手段　　　□为了突破贸易壁垒　　　□提高产品质量

□其他_____

④如果"否"，那么：贵企业尚未通过质量管理体系认证或产品认证的原因是什么？

□认证成本太高

□认证周期太长、过程太复杂

□没有必要进行认证

□以前计划过建立一套质量管理体系，但是实施起来太困难

□企业硬件和软件设施都还没有达到那个水平

□其他_____

2. 贵企业有无专人负责渔业产品质量安全的相关情报收集工作？若有，属于哪个部门？

□没有　　□情报部门　　□技术部门　　□其他部门_____

3. 同类企业通过的认证品种，对贵企业认证品种的选择有影响吗？

□很有影响　　□有影响　　□一般　　□基本没影响

□完全没影响

4. 贵企业通过什么渠道了解渔业产品质量安全信息 ( 可多选 ) ？

□自己紧密跟踪，透彻了解　　□从行业协会处获悉

□等到监管部门通知才知道　　□其他_____

5. 贵企业真正落实了有关渔业产品质量安全的政策法规所提出的要求了吗？困难吗？

□很困难，实际做法上有变通

□很困难，但做到了，应该可以坚持下去

□贯彻比较顺利

□企业所做的已高于政策法规的要求

6. 贵企业产品出厂前都经过检验程序吗 ( 可多选 )？

□每批出厂产品都经过重金属含量及致病菌的抽样检测

□偶尔进行重金属含量及致病菌的抽样检测

□每批出厂产品都经过渔药残留含量的抽样检测

□偶尔进行渔药残留含量的抽样检测

□基本上没有进行什么检测

7. 贵企业对下列的哪些信息建立了记录 ( 可多选 ) ？

□各次的质量检测结果

□各种质量安全事故

□投入品的购买、使用和贮存

□专家技术培训或指导

□其他质量安全的相关记录_____

8. 贵企业在采用质量安全控制措施时,最先考虑的因素是(可多选):

□对外形象　　　□法规强求　　　□销售需要　　　□提高产品质量

□改善管理　　　□控制成本　　　□其他＿＿＿＿＿＿＿＿

9. 贵企业所采用的质量安全措施对提高产品质量有切实的好处吗?

□很有好处　　　□有好处　　　□一般

□基本无好处　　　□完全无用

10. 下列食品质量安全政策法规和贵企业关系最密切的是(可多选):

□《中华人民共和国农产品质量安全法》

□《中华人民共和国渔业法》

□水产品的国家和行业标准

□《水产养殖质量安全管理规定》

□其他＿＿＿＿＿＿＿＿＿＿＿＿＿＿＿＿＿＿

11. 对于某种与企业密切相关的政策法规,企业选择遵从与否的主要考虑因素是(可多选):

□预期的执行成本和收益　　　□政府规制的强度

□同类企业的执行情况　　　□其他＿＿＿＿＿＿＿＿＿＿

12. 因采用质量安全管理措施,贵企业生产效率:

□提高　　　□不变　　　□下降　　　□不知道

13. 因采用质量安全管理措施,贵企业的管理难度:

□增加　　　□不变　　　□减小　　　□不知道

14. 因采用质量安全管理措施,贵企业的年收入:

□增多　　　□不变　　　□减少　　　□不知道

15. 贵企业有否核算过质量安全管理的成本和收益,有的话,收益和成本哪个高?

□没有核算过。因为无法量化

□没有核算,反正必须采用,别无选择

□核算过,收益比较高

□核算过,至今还是成本高

16. 贵企业投入质量安全管理措施的成本预期能否收回?

□已收回　　　□将来可以收回　　　□难以收回　　　□不清楚

选择该项的原因: _____

17. 质量安全管理措施是贵企业产品出□的有利条件吗?

□对于某些国家是　　　□肯定是　　　□可能是　　　□不清楚

# 附录二

# "渔民安全养殖行为"调查问卷 *

| 编号 | |
|---|---|

## 一、水产品生产概况

1. 您生产的水产品主要销往 ( 可多选 ) :

□产地批发市场　　□销地批发市场　　□超市　　□自己加工

□其他水产加工企业　　□其他＿＿＿＿＿＿＿

2. 批发市场对您的产品有检测措施吗?

□一直有　　□经常有　　□偶尔有　　□基本没有　　□从来没有

3. 您现在使用的渔药是 ( 可多选 ) :

□高毒、高残留; 具体药名:＿＿＿＿＿＿＿＿＿＿＿＿＿

□无公害渔药; 具体药名:＿＿＿＿＿＿＿＿＿＿＿＿＿

□无批准文号和许可证号; 具体药名:＿＿＿＿＿＿＿＿＿＿＿

4. 您是否了解渔药的效果?

□了解　　□不了解

---

\* 本调查问卷内容基于课题研究需要设计而成,部分问题未在本书研究中使用。

5. 科学证明滥用渔药是导致水产品中农药残留超标的重要原因，请问您是否了解滥用渔药的不良影响？

☐了解　　☐不了解

6. 您在生产中所遵循的技术规范或标准是谁提供的（可多选）：

☐无　　☐政府　　☐买主　　☐批发市场

☐协会　　☐惯例　　☐其他＿＿＿＿＿＿＿

7. 目前市场上对水产品的分级基本分为：普通水产品、无公害水产品、绿色水产品和有机水产品，其中无公害水产品、绿色水产品和有机水产品统称为"安全水产品"。您了解这种水产品分类吗？

☐了解　　☐不太了解　　☐不了解　　☐不知道

8. 如果了解安全水产品，您们认为不安全水产品最可能产生哪方面的不良影响（可多选）？

☐生态环境　　☐消费者健康　　☐其他＿＿＿＿＿＿＿

9. 如果安全水产品的市场前景不确定（比如消费者的实际购买能力不足、认知度不高等），您是否还会在水产品生产中选择价格较高的无公害渔药和饲料？

☐选择　　☐不选择

10. 如果能切实解决安全水产品的生产成本问题，是否会选择价高的无公害渔药和饲料？

☐选择　　☐不选择

11. 您从事水产养殖最担心的是（可多选）：

☐天灾　　☐技术　　☐市场价格波动

☐对产品质量安全要求的提高

☐其他＿＿＿＿＿＿＿＿＿＿＿

12. 您认为影响渔业产品质量安全的主要因素是（可多选）：

☐环境污染　　☐影响因素多变　　☐安全措施太难

☐安全成本太高　　☐市场（买方）要求多变

☐自己知识不够　　☐政府管理不到位

☐其他＿＿＿＿＿＿＿＿＿＿＿＿＿＿

13. 如果您已在水产养殖中采用无公害养殖技术，但在销售过程中遇到了麻烦，您首先想到的是通过哪种手段来解决问题？

□政府　　　□法律　　　□媒体　　□自己　　□其他_____

14. 您希望政府在推动安全水产品生产中做些什么？（可多选）

□完善法规　　　□加大补贴　　　□加强渔药监管　　　□加强渔业执法

□推动市场准入　　　□其他_____

## 二、渔民基本资料

1. 您的家庭人□数为_____人。

2. 您的养殖场面积是_____。

3. 您的受教育程度为：

□文盲　　□小学　　□初中　　□高中　　□高中以上，具体为_____

4. 水产品经营收入在家庭收入中占的比例：

□10%以下　　□10% ~ 30%　　□30% ~ 50%

□50%以上　　□100%

5. 您的家庭收入水平处于：

□高　　□中　　□低

6. 您有没有与水产养殖企业签订定向购销合同？

□有　　□没有

7. 您有没有参与水产加工企业的活动？

□有　　□没有

8. 您有没有和水产加工企业建立合作关系？

□有　　□没有

如果"有"，加工企业对您是否有技术指导和管理？

□有　　□没有

9. 您有没有参加行业协会或合作社？

□有　　□没有

10. 您在水产养殖过程中有没有水产技术人员进行指导？

□有　　□没有

如果"有"，则是：

□自己邀请来　　□当地政府部门邀请来

□挂钩企业邀请来　　□其他＿＿＿＿＿＿＿＿＿

# 附录三

# "水产品安全消费行为"调查问卷 *

| 编号 | |
|---|---|

**一、个人基本资料**

1. 您的性别为：

□男　　□女

2. 您的年龄（周岁）是：

□ 20 岁以下　　□ 21 ~ 25 岁　　□ 26 ~ 30 岁　　□ 31 ~ 40 岁

□ 41 ~ 50 岁　　□ 51 ~ 65 岁　　□ 65 岁以上

3. 您目前的婚姻状况是：

□单身　　□已婚　　□离婚　　□孤寡

4. 您的受教育程度为：

□小学及以下　　□初中毕业　　□高中或中专在读

□高中或中专毕业　　□大学在读　　□大学毕业

□研究生在读　　□研究生毕业

---

\* 本调查问卷内容基于课题研究需要设计而成，部分问题未在本书研究中使用。

5. 您现在从事的职业是：

□公务员　　　□科研人员　　　□教师

□医生　　　　□律师　　　　　□军人

□记者　　　　□金融从业人员　□高级职员

□普通职员　　□工人　　　　　□农民

□企业主　　　□失业　　　　　□其他_____

6. 请问您目前主要生活在：

□市区　　□城郊结合部　　□郊区　　□其他_____

7. 包括您在内生活在一起的家人有：

□1人　　□2人　　□3人　　□4人　　□5人及以上

8. 您的月收入为：

□1 000 元以下　　　　□1 001 ～ 2 000 元

□2 001 ～ 3 000 元　　□3 001 ～ 4 000 元

□4 001 ～ 5 000 元　　□5 001 ～ 6 000 元

□6 001 ～ 7 000 元　　□7 001 元及以上


## 二、水产品消费概况与评价


1. 请问您平常食用下列五类水产品的次数如何？

|  | 经常吃 | 较少吃 | 极少吃 | 不吃 |
|---|---|---|---|---|
| 鱼类……………………………… | □ | □ | □ | □ |
| 虾、蟹类………………………… | □ | □ | □ | □ |
| 贝类……………………………… | □ | □ | □ | □ |
| 藻类……………………………… | □ | □ | □ | □ |
| 海参、甲鱼、牛蛙等其他水产品…… | □ | □ | □ | □ |

2. 请您就五类水产品针对下列 5 种属性进行评价：

★ 鱼类

| | 非常好 | 很好 | 一般 | 不好 | 很不好 |
|---|---|---|---|---|---|
| 口味……………………………… | □ | □ | □ | □ | □ |
| 营养……………………………… | □ | □ | □ | □ | □ |
| 安全性（如渔药和重金属残留等） | □ | □ | □ | □ | □ |
| 价格合理性……………………… | □ | □ | □ | □ | □ |
| 健康……………………………… | □ | □ | □ | □ | □ |

★ 虾、蟹类

| | 非常好 | 很好 | 一般 | 不好 | 很不好 |
|---|---|---|---|---|---|
| 口味……………………………… | □ | □ | □ | □ | □ |
| 营养……………………………… | □ | □ | □ | □ | □ |
| 安全性（如渔药和重金属残留等） | □ | □ | □ | □ | □ |
| 价格合理性……………………… | □ | □ | □ | □ | □ |
| 健康……………………………… | □ | □ | □ | □ | □ |

★ 贝类

| | 非常好 | 很好 | 一般 | 不好 | 很不好 |
|---|---|---|---|---|---|
| 口味……………………………… | □ | □ | □ | □ | □ |
| 营养……………………………… | □ | □ | □ | □ | □ |
| 安全性（如渔药和重金属残留等） | □ | □ | □ | □ | □ |
| 价格合理性……………………… | □ | □ | □ | □ | □ |
| 健康……………………………… | □ | □ | □ | □ | □ |

★ 藻类

| | 非常好 | 很好 | 一般 | 不好 | 很不好 |
|---|---|---|---|---|---|
| 口味……………………………… | □ | □ | □ | □ | □ |
| 营养……………………………… | □ | □ | □ | □ | □ |
| 安全性（如渔药和重金属残留等） | □ | □ | □ | □ | □ |
| 价格合理性……………………… | □ | □ | □ | □ | □ |
| 健康……………………………… | □ | □ | □ | □ | □ |

★海参、甲鱼、牛蛙等其他水产品

| | 非常好 | 很好 | 一般 | 不好 | 很不好 |
|---|---|---|---|---|---|
| 口味……………………………… | □ | □ | □ | □ | □ |
| 营养……………………………… | □ | □ | □ | □ | □ |
| 安全性（如渔药和重金属残留等） | □ | □ | □ | □ | □ |
| 价格合理性……………………… | □ | □ | □ | □ | □ |
| 健康……………………………… | □ | □ | □ | □ | □ |

## 三、有关水产品的消费行为与安全性评价的问题

（一）您对水产品的食用频率为：

□经常 □偶尔 □甚少 □从不

（二）对渔业产品质量安全关心程度：

□非常关心 □较关心 □一般 □不关心

（三）您认为渔业产品质量安全问题严重吗？

□非常严重 □比较严重 □一般

□不严重 □不清楚

（四）您购买水产品的主要地点是：

□水产专业市场 □超市

□批发市场 □农贸市场

□其他_____

（五）您最常食用的水产品是（可多选）：

□海水鱼 □淡水鱼 □虾、蟹

□海水贝类 □海藻

□海参、海胆、甲鱼等其他水产品

□说不清楚

（六）您对水产品养殖过程使用渔药的态度（可多选）：

☐可以使用，当使用不该超标

☐应禁止使用一切渔药

☐可以使用，国家应该对渔药的安全使用严格监管

☐可以使用，当应该实施"产品准出"和"市场准入"制度

（七）对当前我们日常生活中所使用的水产品，您认为渔药和重金属残留水平是否安全？

☐坚信　　☐相信　　☐部分相信　　☐不太相信　　☐完全不相信

（八）对于养殖水产品、捕捞水产品、水产加工品，您认为从质量安全角度出发，如何排序？

☐养殖水产品 > 捕捞水产品 > 水产加工品

☐养殖水产品 > 水产加工品 > 捕捞水产品

☐捕捞水产品 > 养殖水产品 > 水产加工品

☐捕捞水产品 > 水产加工品 > 养殖水产品

☐水产加工品 > 捕捞水产品 > 养殖水产品

☐水产加工品 > 养殖水产品 > 捕捞水产品

（九）目前市场上对水产品的分级基本为：普通水产品、无公害水产品、绿色水产品和有机水产品，其中无公害水产品、绿色水产品和有机水产品三种统称为"安全水产品"。

1. 请问，您听说过这三种安全水产品吗？

无公害水产品：☐听过　　☐没有听过

绿色水产品：　☐听过　　☐没有听过

有机水产品：　☐听过　　☐没有听过

2. 如果听过，请问您听过或看过的信息来源（可多选）：

☐收音机　　☐电视　　☐报纸　　☐杂志

☐网络　　☐别人说的　　☐产品包装

☐其他＿＿＿＿＿＿＿＿＿＿＿＿

（十）无公害水产品、绿色水产品和有机水产品等安全水产品的标识识别。

1. 请问您见过下列标识吗？

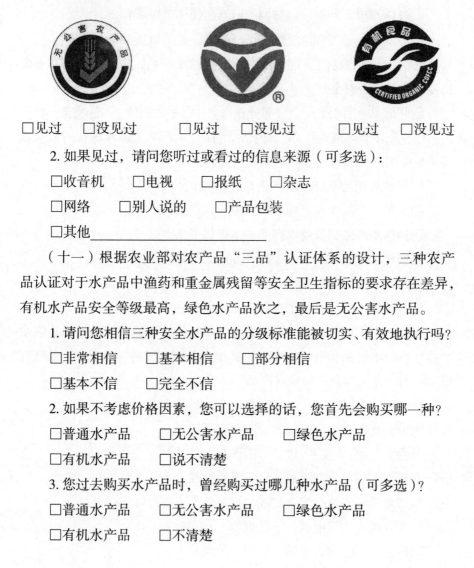

□见过　　□没见过　　　□见过　　□没见过　　　□见过　　□没见过

2. 如果见过，请问您听过或看过的信息来源（可多选）：

□收音机　　□电视　　□报纸　　□杂志

□网络　　□别人说的　　□产品包装

□其他_____

（十一）根据农业部对农产品"三品"认证体系的设计，三种农产品认证对于水产品中渔药和重金属残留等安全卫生指标的要求存在差异，有机水产品安全等级最高，绿色水产品次之，最后是无公害水产品。

1. 请问您相信三种安全水产品的分级标准能被切实、有效地执行吗？

□非常相信　　□基本相信　　□部分相信

□基本不信　　□完全不信

2. 如果不考虑价格因素，您可以选择的话，您首先会购买哪一种？

□普通水产品　　□无公害水产品　　□绿色水产品

□有机水产品　　□说不清楚

3. 您过去购买水产品时，曾经购买过哪几种水产品（可多选）？

□普通水产品　　□无公害水产品　　□绿色水产品

□有机水产品　　□不清楚

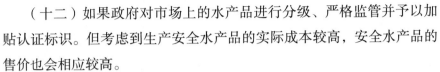

（十二）如果政府对市场上的水产品进行分级、严格监管并予以加贴认证标识。但考虑到生产安全水产品的实际成本较高，安全水产品的售价也会相应较高。

1. 您是否愿意为购买安全水产品而支付较高的价格？

□①非常愿意　　□②愿意　　　□③看情况

□④一般不愿意　　□⑤肯定不愿意

2. 如果您选择①或②，由于您购买水产品可能是自己消费或用于赠送别人，请问在哪种用途上，您更愿意支付较高价格购买安全水产品？

□自己及家人消费　　□送礼馈赠　　□两种用途一样

3. 如果您选择④或⑤，那么不愿意的理由是（可多选）：

□价格太贵，难以承受

□安全标识不可信

□根本不存在安全水产品

□水产品只要鲜活即可，不需要考虑其他安全问题